변화와 혁신의 키워드, 창의성을 깨워라!

미래창조를 위한 창의성

변화와 혁신의 키워드, 창의성을 깨워라!

미래창조를 위한 창의성

발행일 | 2013년 7월 31일 초판 1쇄 발행
지은이 | 이국환 **발행인** | 오성준 **발행처** | 카오스북
등록번호 | 제 406-2012-000111호
주소 | 경기도 파주시 문발동 507-9번지
전화 | 031-949-2765 **팩스** | 031-949-2766
홈페이지 | www.chaosbook.co.kr
디자인 | 디자인 콤마
그림 | 김범석
인쇄처 | 이산문화사

값 18,000원
ISBN 978-89-98338-33-6 93500

변화와 혁신의 키워드, 창의성을 깨워라!

미래창조를 위한
창의성

이국환 지음 | **김범석** 그림

카오스북
CHAOS BOOK

머리말

최근 글로벌하며 스피드한 무한 경쟁의 융·복합계 환경 속에서 기업뿐만이 아니라 대학을 비롯한 학교 그리고 다양성을 갖는 사회의 여러 분야에서 '창의성, 창의적 사고, 창조경영, 창조경제, 창의적 문제해결'이라는 주제의 새로운 혁신의 개념이 확산되고 있다. 예를 들어, 창조경제creative economy란 무엇인가? 이는 창의적인 아이디어를 활용하여 경제성장과 일자리 창출을 추구한다는 것이다. 즉, 창조적 아이디어로 다른 산업, 기술 또는 문화 등과의 융합을 통해 새 시장과 생태계를 조성하여 새로운 일자리와 부가가치를 창출함으로써 경제발전과 경제성장에 기여한다는 점이 바로 창조경제의 개념이다. 따라서 창조경제의 원천이 되는 창의적 아이디어의 가치를 아무리 강조하여도 과언은 아닐 것이다. 창의적 아이디어를 얻기 위해서는 고정관념을 깬 새로운 관점에서의 접근, 혁신적인 사고의 시도가 필요하다. 도대체 왜?But why?와 도대체 어떻게?But how?라는 새로운 관점으로부터의 사고인 것이다. 기업은 계속해서 개선의 개념이 아니라 기존 시장에 없던 독창적이고 혁신적인 개념의 제품이나 서비스를 창출하여 창의적인 가치를 내야만 미래 시장을 선도해 나갈 수가 있다.

대학을 비롯한 학교는 장차 이 나라를 이끌어 갈 능력 있는 인재를 키우기 위하여 보다 창의적 사고를 계발하기 위한 창의성 교육으로 진보해 나아가야만 한다. 개인들 각자는 불확실성의 시대에서 위기를 극복하고 자신의 존재기반을 굳건하게 하기 위해 자기만이 갖는 차별화된 능력계발과 창의적인 사고를 발전시켜 경쟁력의 우위를 점유해 경쟁에서 승리를 해야만 하는 것이다. 그런데 대부분의 경우에 있어서는, 창의적이며 혁신적인 사고를 위한 아이디어나 해법은 자신과는 관계가 없는 것으로 인식하면서, 그저 운 좋게 우연히 얻어지는 것쯤으로 생각하고 있다.

그러나 이것은 아주 위험한 편견이다. 저자는 30여년간에 걸쳐 첨단기술 분야에서 연구개발R&D에 전념해 왔다. 이 분야는 세계 최초의 신개념 · 신기능 · 신기술을 적용한 신제품을 개발하는 치열한 경쟁터였다. 이 경쟁터에서 이상적인 목표인 신제품을 개발하는 데 있어 필요로 하는 신개념 · 신기능 · 신기술은 기존 문제에 대한 혁신적이며 창의적인 문제의 해법으로부터 얻어진다는 확신을 갖게 되었다. 대부분의 사람들은 문제의 해결에 있어서 자신의 경험이나 지식, 모방을 통한 개량에 의해서 문제를 해결하려 들지만 기술의 수준이 높을수록 그런 경험적이며 인지적인 방법으로만 해결하는 것은 어렵다는 의미이다. 자신의 경험과 인지에 의존해서만 문제를 해결하려 들지 않고, 문제의 혁신적 해결책이 다른 사람으로부터의 지식, 또는 다른 산업 및 공학, 기술, 과학적 효과 등에서 찾아 적용시켜 해결할 수 있는 경우가 많기 때문이다. 가능한 시행착오를 거치지 않고 교육, 훈련, 계발 등을 통해서 창의적으로 문제를 해결할 수가 있다는 것이다.

저자는 다양한 분야의 문제 해결을 통하여, 이를 직접 시제품으로 만들어서 기술적 구현을 시켜 검증한 결과 문제해결에 있어서 선결적이며 선행적인 새로운 창의적 발상 즉, 아이디어를 창출하는 방법론을 알릴 필요성을 절실히 느껴서 강의하고, 교육하고, 훈련시키고, 비교하여 만들어 낸 성과물을 여러 방법론으로, 정형화된 도구로 최적화시켜 내용을 알기 쉽도록 정리하였다.

혁신을 향한 아이디어의 발상과 정형화된 도구에 의한 문제해결의 방법론이 창의적 사고를 생성시켜서 문제해결의 DNA가 되었으면 하는 바람이다. 오랜 기간의 연구개발, 프로젝트 수행, 공학적, 비공학적(경영, 마케팅, 서비스 등) 경험, 창의공학 분야의 전문성과 이와 연계하여 시장과 고객을 보는 다양한 관점에서 저술하게 된 것이다. 창의적 아이디어의 발상과 수렴에 있어서 기존에 널리 사용되는 방법인 브레인스토밍, 새로운 혁신기법인 트리즈TRIZ뿐만 아니라 저자가 실제로 문제해결을 위해 활용하여 좋은 결과물(해법)을 낸 여러 가지의 도구 즉, 문제해결의 방법론methodology을 토대로 집필하였고, 이에 대한 사례를 보여주고 있어서 많은 도움이 되리라 생각한다. 이 저서를 출간하는데 있어 기획부터 마무리까지 동행해 주신 카오스북의 오성준 대표와 내용을 같이 검토하며 삽화를 그려주신 김범석 작가, 그리고 브레인스토밍 사례연구의 자료를 제공해 준 사랑하는 학생들에게 진심으로 감사를 드린다. 또한 모든 일에 격려를 아끼지 않고 힘이 되어준 믿음의 형제 이종원 친우에게 고마움을 드린다.

이 책이 기존의 고정적인 사고, 관성적 사고를 깨어서, 사고를 전환시키며, 창의적이며 혁신적인 사고를 계발하는데 도움이 되길 바라며, 이 책을 읽는 독자들의 새롭게 도전하는 열정을 기대한다.

2013년 7월

창의공학 박사 **이국환**

저자소개

이국환

E-mail khwan28@hanmail.net

한양대학교 정밀기계공학과와 동대학원을 졸업한 후 트리즈TRIZ의 선도대학인 한국산업기술대학교에서 창의공학 관련 박사학위를 받았다. 30여년간 LG전자 중앙연구소 등에서 융·복합 분야의 첨단 R&D, 제품개발 및 프로젝트를 수행하였다.

주요 내역은 다음과 같다.

- LG전자 특허발명왕 2년(1992년~1993년) 연속 수상(회사 최초)
- LG그룹 연구개발 우수상 수상(1996년)–국내 최초 및 세계 최소형·최경량 PDA(개인휴대정보단말기) 개발로 1996년 한국전자전시회 국무총리상 수상
- 문화관광부선정 기술과학분야 우수학술도서 2회 선정(1998년, 2001년)
- "중소기업을 위한 지식재산관리 매뉴얼" 자문 및 감수위원(2006년 대한변리사회)
- LG전자, 삼성전자, 에이스안테나, 만도 등 다수 기업(개발 및 현업문제해결 컨설팅, 특강)과 현대·기아 차세대 자동차 연구소(창의적 문제해결 방법론 교육)
- 한국산업단지공단, 중소기업진흥공단, 지자체, 대학교 등 다수 창의적 제품개발, 신사업 발굴, R&D전략, 창의적 문제해결 방법론 등 교육 및 강의

현재 대학교에서 창의적 공학설계, 제품설계·개발 등과 더불어 대학원에서 기술사업화 및 R&D전략, 트리즈, 특허기술사업화IP-R&BD, 기술경영MOT 등을 가르치고 있으며, 정부 및 지자체 R&D 기술사업화 과제 선정 및 평가위원장 등 다수 역할을 수행하고 있다.

또한, 창의적이며 혁신적인 다양한 기술 분야의 특허(지식재산권)를 보유하고, 이를 적용한 제품과 시스템 개발에도 열정을 쏟고 있으며, 다음과 같은 전문 분야에서 활발한 활동을 하고 있다.

- 트리즈를 비롯한 창의적 문제해결의 방법론
- 특허기술의 사업화(IP-R&BD), 특허분석 및 회피설계
- 제품개발과 기술사업화 전략, 사업아이템 발굴 및 전략수립
- 제품 · 시스템설계 및 개발공학, 동시공학적 개발(CAD/CAE/CAM), 원가절감(VE) 및 생산성(Q.C.D) 향상
- 기술예측, R&D 평가 등

저서로는 『제품설계·개발공학』, 『제품개발과 기술사업화 전략』, 『동시공학기술』, 『설계사례 중심의 기구설계』, 『알기 쉬운 도면 해석-기계도면 보는 법』, 『2차원 CAD AutoCAD』, 『3차원 CAD SolidWorks』, 『CAE』 등 제품설계 및 개발, R&D, 기술사업화 분야 등에서 총 35권의 관련 저서가 출간되어 있다.

목차

Part. I 창의성이란 무엇인가? 그리고 어떻게 할 것인가?

Part. II 창의적 문제해결의 여러가지 방법론

Part. I

창의성 이란 무엇인가? 그리고 어떻게 how 할 것인가?

Chapter. 01

창의적 사고

Creative Thinking

Creat

ivity

창의적 사고의 필요성 Creative Thinking

최근 글로벌하며 스피디한 무한 경쟁의 융 · 복합계 환경속에서 기업뿐만이 아니라 대학을 비롯한 학교 그리고 다양성을 갖는 사회의 여러 분야에서 '창의성, 창의적 사고, 창조 경영, 창의적 문제해결'이라는 주제의 새로운 혁신의 개념이 확산되고 있다.

그러면 창의성이란 무엇인가? '새로운 생각을 만든다.'는 의미로 독창성이라고도 표현하며 영어로는 originality 또는 creativity 이다. 지금 세상에 없는 것을 새롭게 생각하거나 기존에 존재하는 것들을 조합하거나 응용하여 더 나은 것을 만드는 것이다. 그러면 문제problem란 무엇인가? '현재 존재하는 것과 앞으로 존재하기를 바라는 이상적인 것과의 차이에서 발생되는 간극'이다. 따라서 이러한 문제를 해결하기 위해서는 고정관념을 깬 새로운 관점에서의 접근, 혁신적인 사고의 시도가 필요하다. 이러한 사고가 바로 창의적 문제 해결Creative Problem Solving에 필수적인 창의적 사고Creative Thinking이다. 기업은 계속해서 개선의 개념이 아니라 기존 시장에 없던 독창적이고 혁신적인 개념의 제품이나 서비스를 창출하여 창의적인 가치를 내야만 미래 시장을 선도해 나갈 수 있다.

대학을 비롯한 학교는 장차 이 나라를 이끌어 갈 능력 있는 인재를 키우기 위하여 보다 창의적 사고를 계발하기 위한 교육과 창의성 교육으로 진보해 나아가야만 한다. 개인들 각자는 불확실성의 시대에서 위기를 극복하고 자신의 존재기반을 굳건하게 하기 위해 자기만이 갖는 차별화된 능력계발과 창의적인 사고를 발전시켜 경쟁력의 우위를 점유해 경쟁에서 승리를 해야만 한다. 그런데 대부분의 경우에 있어서는, 문제해결을 위한 창의적이며 혁신적인 사고를 위한 아이디어나 해법은 자신과는 관계가 없는 것으로 인식하면서, 그저 운 좋게 우연히 얻어지는 것쯤으로 생각하고 있다.

그러나 이상적인 목표인 신개념 · 신기능 · 신기술을 갖는 신제품을 개발하는데 뿐만 아니라, 비공학적인 분야에서의 혁신적이며 창조적인 경영, 마케팅, 서비스 등으로 새로운 가치와 시너지synergy 창출에 있어서 필요로 되는 혁신적인 아이디어의 발상과 이의 구체화는 기존 문제에 대한 창의적인 문제의 해법으로부터 얻어진다. 대부분의 사람들은 문제의 해결에 있어서 자신의 경험이나 지식, 모방을 통한 개량에 의해서 문제를 해결하려 들지만 기술의 수준이 높을수록, 영역의 수준이 높을수록 그런 경험적이며 인지적인 방법으로만 해결하는 것은 힘들다. 자신의 경험과 인지에 의존해서만 문제를 해결하려 들지 않고, 문제의 혁신적 해결책이 다른 사람으로부터의 지식, 또는 다른 산업 및 공학, 기술, 과학적 효과 등에서 찾아 적용시켜 해결할 수 있는 경우가 많기 때문이다. 무한 경쟁의 시대에 새로우면서도 유용한 산출물을 생성해낼 수 있는 능력은 모든 분야에서 반드시 필요로 하는 것이다.

심리적 타성 Psychological Inertia

문제해결이 어려운 이유는?

문제의 해결에 있어서 대부분의 사람들이 자신의 경험이나 지식에 의해서 문제를 해결하려 들지만 문제의 수준이 높을수록 그러한 경험적이며 인지적인 방법으로만 문제를 해결하는 것은 힘들다. 즉, 사람들은 어떤 문제를 접했을 때 심리적 관성[psychological inertia]이라는 타성 때문에 자신의 경험과 지식에 의한 방법으로 개념[concept 1]을 잡고 가능한 모든 변형들[variants]로 문제해결을 진행하지만 거기에서 답을 찾지 못할 경우, 또 다른 개념[concept 2]을 떠 올리면서 해결책을 찾으려 한다. 하지만 자신의 경험이나 한정된 지식에서 벗어나 있는 해[solution]의 접근은 결국 하지 못하는 것이다. 이러한 시행착오[trials & errors]적 방법은 시간을 많이 소모할 뿐만 아니라 우연에 의해 해결책에 접근하는 방법이기 때문에 효율적이지 못하다.

그림 심리적 관성의 개념 Psychological Inertia Vector

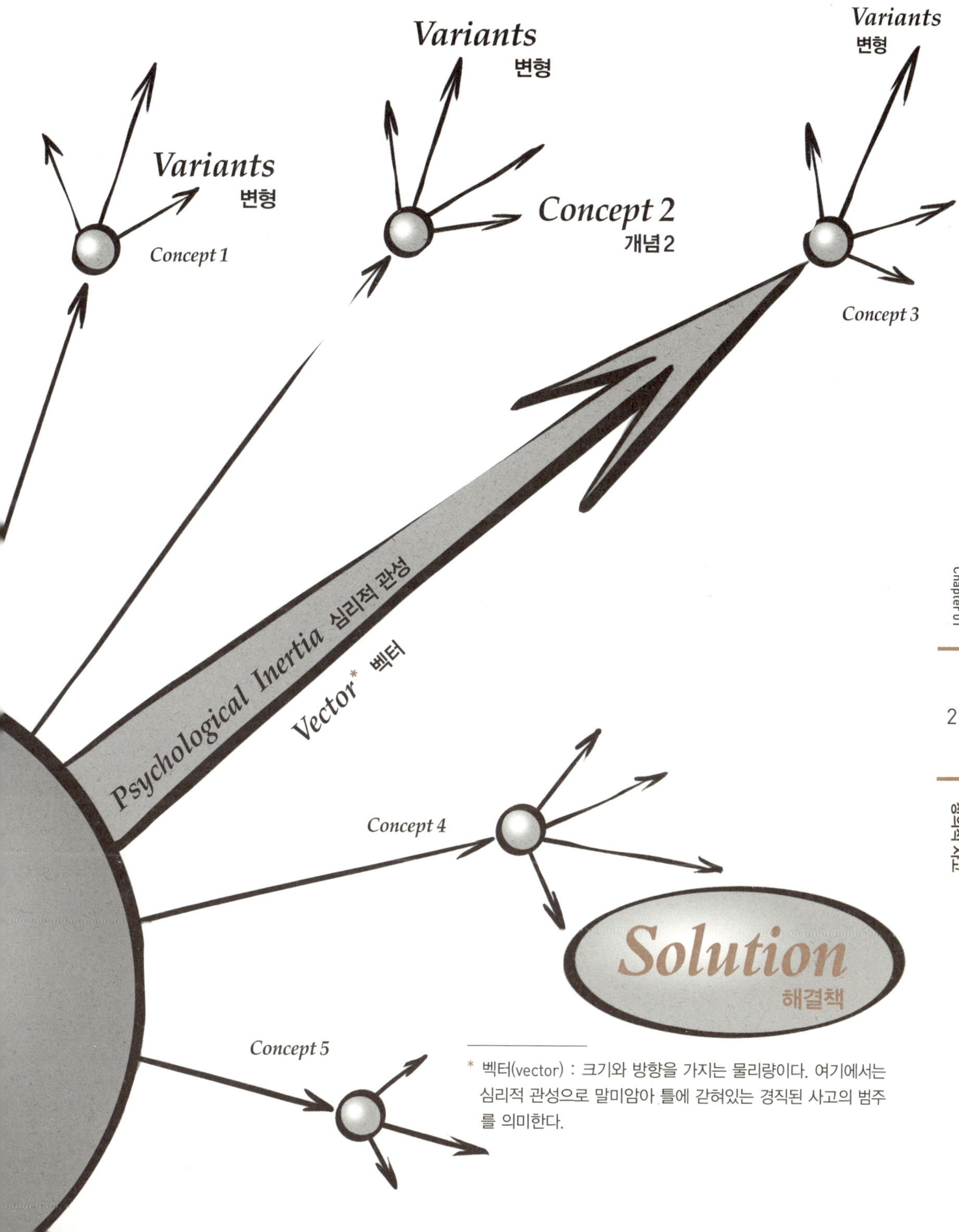

* 벡터(vector) : 크기와 방향을 가지는 물리량이다. 여기에서는 심리적 관성으로 말미암아 틀에 갇혀있는 경직된 사고의 범주를 의미한다.

창의성Creativity이란 무엇인가?

창의성이란 매우 복잡한 개념으로 여러 요소들의 복합적인 작용으로 나타난다. 많은 연구들에 의하면 창의성을 주로 확산적, 독창적 사고의 요소들을 포함하는 지적인 능력의 일부분으로 보는 경향이 있는가 하면, 특수한 인성적 특성으로 보는 경향이 있고, 문제해결 능력의 한 형태로 보기도 한다. 그러나 최근에 창의성에 대한 정의는 루바트Lubart, 1994의 "새로우면서도 유용한 산출물을 생성해낼 수 있는 능력"으로 합의가 이루어지고 있다고 볼 수 있다.

창의성 즉, 창의적 사고의 개발 기법은 크게 발산적 사고(확산적 사고, 생성적 사고)와 수렴적 사고(초점적 사고)로 구분할 수 있으며, 이 두 가지는 자전거의 두 바퀴처럼 상호보완적으로 이루어져야 한다.

발산적 사고
수렴적 사고

발산적 사고

- 발산적 사고는 유의미하고 새로운 연결을 만들고 표현하는 사고 과정이나, 아이디어(대안, 가능성)를 생성해내는 사고 과정이라고 정의할 수 있다. 브레인스토밍, 브레인라이팅, 마인드 맵, 스캠퍼 등이 이에 해당하는 사고 기법이다.

아래 표는 발산적 사고 기법에 대한 종류와 그 특징적 성질을 보여준다.

종류	특징
브레인스토밍(Brainstorming)	개방적 사고
브레인라이팅(Brainwriting)	아이디어를 글로 적어냄
마인드 맵(Mind map)	사고의 유기적 연결
단어 연상법(Random word)	결합과 개선
스캠퍼(Scamper): 대체하기(Substitute), 결합하기(Combine), 적용하기(Adapt), 수정·확대·축소하기(Modify-Magnify-Minify), 다른 용도로 사용하기(Put to other use), 제거하기(Eliminate), 재배치하기(Rearrange-Reverse)	단계적 구분(질문)에 의한 아이디어 촉진

표 아이디어 발산적 사고 기법의 종류와 특징

수렴적 사고

- 수렴적 사고는 발산된 아이디어들을 분석하고, 다듬고, 선택하는 사고 과정이나, 아이디어(대안, 가능성)를 선택하거나 개발하는 초점화의 사고 과정이라고 정의할 수 있다. 하이라이팅, PMI, P-P-C, 평가행렬법, 트리즈 등이 이에 해당하는 사고 기법이다.

아래 표는 아이디어 수렴적 사고 기법에 대한 종류와 그 특징적 성질을 보여준다.

종류	특징
하이라이팅(Highlighting)	아이디어 선택 후 공통사항으로 그룹핑(묶음)
PMI(Plus, Minus, Interesting)	제안된 아이디어의 장점, 단점, 흥미로운 점을 분석 후 집중적으로 평가
P-P-C (Positive, Possibilities, Concern)	긍정적인 면, 가능성이 있는 면, 염려스런 면으로 구분하여 전개
평가행렬법(Evaluation matrix)	기준에 따른 체계적 평가
트리즈(TRIZ)	발명의 원리와 모순에 의한 문제해결

표 아이디어 수렴적 사고 기법의 종류와 특징

창의적 문제의 해결방법

급속한 환경 변화 속에 끊임없이 발생되는 문제의 해결에 필요한 능력인 창의성을 도식적으로 간략화시켜서 정의하면 다음과 같다.

창고 倉 / 칼 刀 → **創** + **意** ← 心 마음 / 音 소리

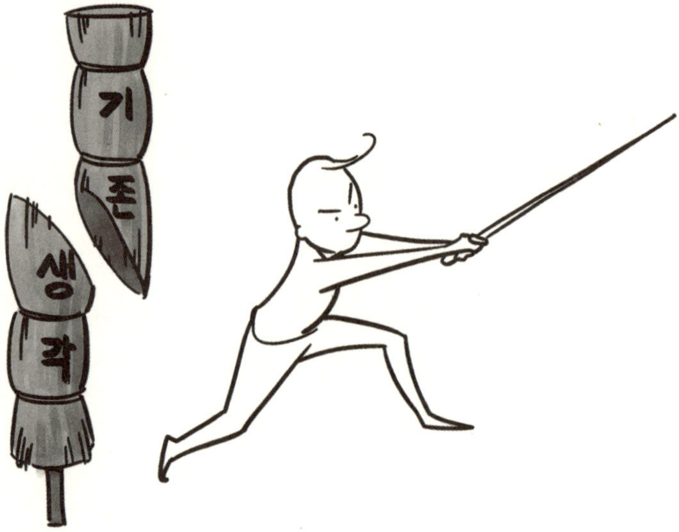

창의성Creativity이란?

- **사전적 의미**: 새로운 의견을 생각하여 냄, 창(創) = 창(倉: 창고) + 도(刀: 칼), 의(意) = 마음(心) + 소리(音)→ 자신이 가진 기존의 생각을 파괴함으로써 전에 없던 새로운 생각을 만들어내는 개인의 능력 → 창의성이 혁신(innovation)을 이끈다. 창의적으로 생각하고 혁신적으로 실행하여 변화시켜라. 그리고 새로운 가치를 창출하라.

창의적 사고를 구성하는 요소에는 여러 가지 요소가 있으며, 이 중에서도 특히 유창성, 사고의 유연성, 독창성을 창의적 사고를 결정하는 주요인으로 강조하고 있다.

결국 창의적인 사람은 새롭고 적절한 아이디어를 주어진 시간 안에 많이 내놓는 사람을 일컫는다. 현실에 대한 적합성을 가지고 있으며, 문제의 해결 능력해결성, feasibility도 우수하다.

공통적 5대 특징

따라서 창의적으로 사고하는 능력을 가진 사람들의 특징을 스턴버그[Sternberg, 1991]는 다음과 같이 표현하였다.

창의적으로 사고하는 능력을 가진 사람들의 5대 특징

- 애매모호함에 대한 참을성
- 인내
- 기꺼이 모험을 하려는 도전정신
- 스스로에 대한 확신
- 새로운 경험에 대한 개방성

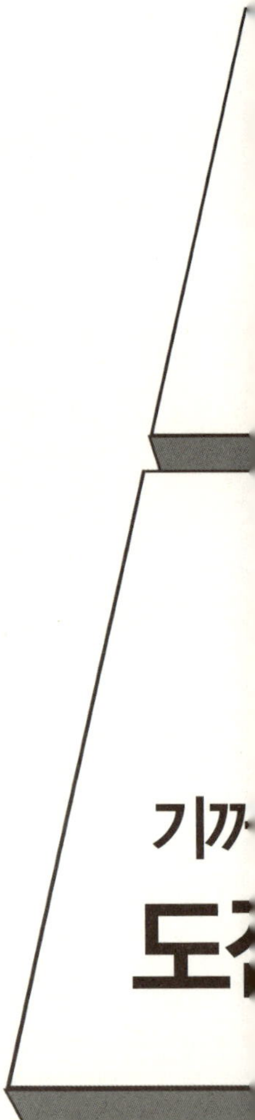

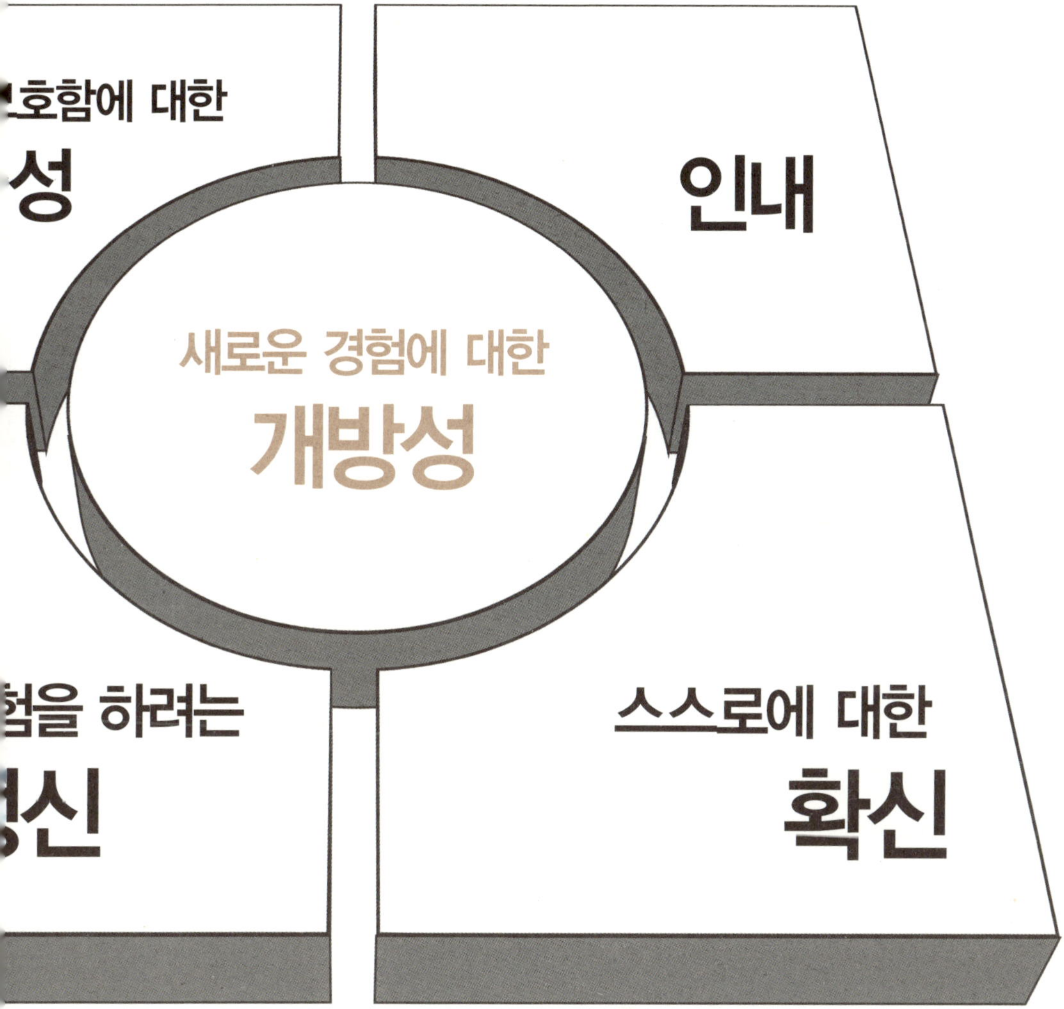
호함에 대한
성
인내
새로운 경험에 대한
개방성
험을 하려는
신
스스로에 대한
확신

Chapter. 02

브레인스토밍

Brainstorming

sun

moon

earth

Space

galaxy

Toy

robot

doll

airplane

cash

Money

coin

wallet

hip hop

blues

house

jazz

Music

rock

classic

electronics

기본 원칙

2장에서는 창의적 사고 개발 기법인 발산적 사고로 가장 일반화되어 광범위하게 사용되는 브레인스토밍brainstorming 방법론에 대해 살펴보고자 한다.

브레인스토밍의 목적은 제안하는 아이디어의 가치를 평가하지 않으면서 가능한 많은 아이디어를 생성하기 위하여 사용된다. 창의적인 아이디어를 제안하기 위한 브레인스토밍의 기본 원칙은 다음과 같다.

발산 과정과 수렴 과정의 분리

- 아이디어의 생성과 판단은 한꺼번에 할 수 없다.
- 먼저 생성에만 주력하고 그 이후에 판단한다.

브레인스토밍의 원칙

- 판단 유보(비판 엄금, 자유분방)
- 애매모호함에 대한 인내, 개방성
- 질보다 양(결합과 개선)
- 발산과 수렴의 분리

수평적 사고의 원칙

- 여러 가지로 사물을 보는 방법을 찾아낼 것
- 수직적 사고의 강한 통제에서 벗어날 것
- 우연한 기회를 활용할 것

브레인스토밍은 1938년 미국의 광고회사 BBDO 설립자 중 한 명인 오스본Alex F. Osborn에 의해 광고 아이디어를 만들기 위한 목적으로 처음 소개되었으며, 특정한 주제에 대해 두뇌brain에서 폭풍storming이 휘몰아치듯이 생각나는 아이디어를 많이 내놓는 방식이다.

짧은 시간에 많은 아이디어의 생성이 목적이고 주로 집단 토의에서 사용할 수 있으며, 집단의 효과를 살리면서 접하게 되는 문제에 대하여 가능한 모든 원인을 찾는데 사용할 수 있다.

오스본의 저서 '상상공학'에서 제시하는 브레인스토밍의 4가지 규칙을 일반적으로 4S라 부르며, 아이디어를 만들기 위한 집단 토의를 할 때 반드시 지켜져야만 한다.

브레인스토밍의 4가지 규칙

Support

비판하지 말아요 Support

발상된 어떤 아이디어도 비판하거나 평가해서는 안된다(비판금지).

Silly

자유로운 분위기 Silly

아이디어가 비현실적이거나 터무니없는 것일지라도 받아들이면서 자유분방한 분위기를 조성한다(자유분방).

Speed

많은 아이디어 양산 Speed

좋은 아이디어를 얻기 위해서 아이디어는 질보다 양을 추구한다(양산, 양의 추구).

Synergy

결합과 새로운 생각 Synergy

두 개 이상의 아이디어를 결합하고 조합하여 제3의 새로운 아이디어 창출 및 개선을 이끌어 낸다(결합과 개선, 편승개선).

브레인스토밍의 사용 목적

어떤 문제problem를 해결하는 최선의 방법은 모든 가능한 해결 방안을 고려하는 것이다. '모든 가능한'이라는 의미는 문제해결에 있어서 생각하고 상상할 수 있는 모든 해결안들을 제시하는 것인데, 그 해결책이 어렵기 때문에 막연하게, 습관적으로 사용되고 있는 것이다. 그렇기 때문에 열린 마음open mind으로 아이디어를 발산하면서 문제해결을 시작하고, 문제에 대한 일반적인 해답에 집중되지 않도록 진행을 한다.

브레인스토밍은 다음의 사례와 같이 다양한 분야에서 적용할 수 있다.

브레인스토밍의 적용 예

문제의
해결책Solution 을
찾으려 할 때

문제에 대한 존재 가능한
근본 원인 Root Cause 을
모두 찾으려 할 때

새로운
비즈니스 모델 Business Model 을
찾고자 할 때

해결해야 할
문제가
어떤 것인지
결정하려 할 때

프로젝트의
각 단계에 대한
계획Planning 을
수립할 때

팀 또는 집단의
창의성을
촉진시키려 할 때

공정, 제품,
서비스에 대한
개선을
찾으려 할 때

공정, 제품, 서비스 등에서
혁신Innovation 을
시작하려 할 때

어떤
개선활동Improvement Action 을
해야 할지 결정할 때

창의적으로
문제해결Creative Problem Solving 을
이루어 나가고자 할 때

브레인스토밍의 진행방법

전통적인 브레인스토밍의 진행 방법

브레인스토밍을 진행하기 위한 집단의 크기, 집단 구성, 사회자, 기록자 등에 관한 진행 방법은 다음과 같다.

- 집단의 크기 : 5~12명(5명이 적당, 투표를 위해 홀수가 좋음)
- 집단 구성 : 성별, 나이, 수준 등이 골고루 섞이도록 하여 문제에 대한 폭넓은 시각을 갖고 다양한 아이디어가 산출되도록 한다.
- 사회자 : 많은 아이디어를 말하도록 자유스럽게 진행한다.
- 기록자 : 발표 내용을 빠뜨리지 않되, 핵심 단어를 기준으로 내용을 기록한다.
- 아이디어 생성을 위한 시간이나 개수를 미리 정할 수도 있다.
- 아이디어가 정리된 다음 하나씩 평가하는 과정을 거쳐 좋은 아이디어를 선택한다.
- 집단 구성원들이 소심한 경우에는 브레인라이팅(brainwriting)으로 변경하면 더 효과를 볼 수 있다.

세부규칙

- 브레인스토밍의 목적을 정하고 문제를 정의하라.
- 규칙을 마련하고 엄수하라.
- 목표치를 정하라.
- 어떤 아이디어든 관계없이 말하라.
- 서두르지 마라.
- 자신의 아이디어를 일찍 판단하지 마라.
- 흥분과 열정에 찬 분위기를 조성하라.
- 다른 사람의 아이디어를 개량하라.
- 아이디어를 많이 만들어라.
- 두려워하지 마라.
- 사물을 다른 시각으로 바라보라.
- 생각나는 대로 즐거운 마음으로 아이디어를 내라.
- 자유스럽게 아이디어를 제시하라.

효율적인 브레인스토밍의 진행 방법

70년 이상의 오랜 기간동안 널리 사용되어 온 브레인스토밍을 통하여 창의적인 아이디어를 발상시켜 문제해결 방안을 창출하는 절차는 다음과 같이 진행하면 더욱 효과적이다.

1단계

팀 또는 집단이 문제를 이해할 수 있도록 간결·명료하게 기술한다.

2단계

30분 정도의 시간을 주어 문제를 해결할 아이디어를 각자 생각하도록 한다.

3단계

모든 참여자가 자유스럽게 아이디어를 제안한다. 제안된 모든 아이디어를 기록하고, 정리하여 모두가 함께 보면서 공유할 수 있도록 칠판 등에 적는다.

4단계

가장 좋은 아이디어 4~5개를 참여자 모두가 선택하도록 한다.

5단계

어떤 아이디어가 문제를 가장 잘 해결할 수 있는지 판단하기 위하여 몇 가지 기준을 정한다. 예를 들면, 다음과 같이 기준을 정한다.

- 고객이 감동해야 한다.
- 가격이 저렴해야 한다.
- 디자인이 멋있어야 한다.
- 사용하기 편리해야 한다.
- 성능이 좋아야 한다.
- 생산하기 쉬워야 한다.

아이디어가 제시된 기준을 얼마나 충족시키는지에 따라 각 기준에 대한 점수를 주어서, 각 아이디어에 대한 최종 평가 점수를 계산한다.

6단계

가장 점수가 높은 아이디어를 가장 문제를 잘 해결할 수 있는 것으로 채택하고, 이를 실행에 옮긴다. 단, 최고 점수 순으로 아이디어를 실행하면 문제해결에 있어 더 좋은 결과를 얻을 수 있다.

7단계

브레인스토밍을 원활하게 하기 위한 체크리스트(checklist)는 다음과 같은 방법으로 수행하면 된다. 대부분의 경우에 있어서, 이를 잘 활용하면 좋은 결과를 얻을 수 있다.

	용도
☑	현재 그대로이면서 새로운 용도는?
☐	수정하여 다른 용도로는?
☑	이것으로 다른 무언가가 되지 않을까?
☐	어떻게 하면 재활용을 할 수 있을까?

	차용·응용
☐	이에 유사한 일은 없을까?
☐	과거 이와 비슷한 경향은 없었을까?
☐	다른 방법을 모방할 수 없을까?
☑	무언가 다른 아이디어가 응용될 수 없을까?

새롭게 생각해 낸다면?

- 무언가 다른 형태는?
- 무언가 다른 기능은?
- 어떻게 하면 새로운 관점을 창출할 수 있을까?
- 움직임을 줄인다면?
- 자연 피조물의 생체기능을 활용하여 새롭게 할 수는 없을까?

대용한다면?

- 다른 부품이라면?
- 다른 성분이라면?
- 다른 재료라면?
- 다른 장소, 사람이라면?
- 다른 동력원이라면?
- 다른 접근이라면?
- 다른 방법이라면?
- 다른 기술이라면?

보다 더 줄인다면?

- 낮춘다면?
- 좁힌다면?
- 가볍게 한다면?
- 농축한다면?
- 뺀다면?
- 중복시킨다면?
- 유선형으로 한다면?
- 소형으로 만든다면?
- 세분화한다면?
- 억제한다면?
- 짧게 한다면?

보다 더 늘린다면?

- 시간을 늘린다면?
- 빈도를 늘린다면?
- 강도를 높인다면?
- 지속성을 늘린다면?
- 높이는, 넓이는, 크기는?

8단계(지속단계)

브레인스토밍 회의가 끝난 후 아이디어를 분류하고 정리하여 팀원(구성원)에게 나누어 주고 여기에 새로운 아이디어를 추가하거나 수정, 보완, 보충해줄 것을 부탁하고 그것을 다시 모아서 재정리한다.

기록자(서기)의 역할

기록자는 요점을 명확하게 빨리 파악하여 알기 쉬운 용어와 내용으로 정리할 수 있는 사람이 적합하며, 집단 구성원이 적을 경우에는 회의 진행자(사회자)가 기록자를 겸하기도 한다. 기록자의 역할은 다음과 같다.

- 진행자를 도와서 나온 아이디어를 즉석에서 기록한다. 칠판, 화이트보드, 모니터 등을 활용하여 기록된 내용을 구성원 전체가 보면서 아이디어를 낼 수 있도록 하는 것이 효과적이다. 기록용지를 사용할 경우는 벽 등에 붙여 전체가 볼 수 있도록 한다.
- 구성원의 발언내용을 요약해서 기록한다. 만약 내용이 확실치 않을 경우에는 발언자에게 문의하고 확인하여 기록한다.
- 브레인스토밍 회의가 끝난 후 아이디어를 분류하고 정리하여 팀원(구성원)에게 나누어 주고 거기에 새 아이디어를 추가하거나 수정, 보완, 보충해줄 것을 부탁하고 그것을 다시 모아서 재정리한다.

효과적인 브레인스토밍

더 효과적인 방법으로는 이렇게 정리된 내용에 추가 아이디어나 자료들을 가지고 2차, 3차 등 후속 브레인스토밍 회의를 진행하여 더 좋은 창의적인 아이디어를 얻도록 지속적으로 활동을 진행하도록 한다.

브레인스토밍이 창의적 발상에 도움이 되는 이유는?

대부분의 아이디어는 자신의 경험과 지식에 한정된다. 그러나 집단적인 토론에 참가한 구성원들은 자기와는 서로 다른 다양한 경험과 지식을 가지고 있을 수 있다. 자신의 경험과 지식만으로는 대단한 아이디어가 나오기 쉽지 않거니와, 아이디어 자체도 단순할 수 있기에 브레인스토밍에 참석한 다양한 분야의 사람들의 경험과 지식이 합쳐질 때 '미처 생각하지 못한 참신한 아이디어'가 나오게 된다. 즉, 다양한 경험과 지식을 공유함으로써 기존의 한정되어진 아이디어에 이를 접목시키고 응용하여 새로운 아이디어를 만들어 내는 훌륭한 발상의 계기generating point가 되는 것이다.

그래서 브레인스토밍이 창의성에 큰 도움이 된다고 알려져 있다. 가장 쉬우면서도 보편적으로 널리 사용되고 있으며, 큰 효과를 보는 것이 브레인스토밍 기법이다.

PLUS

전통적 브레인스토밍Brainstorming 기법의 문제점

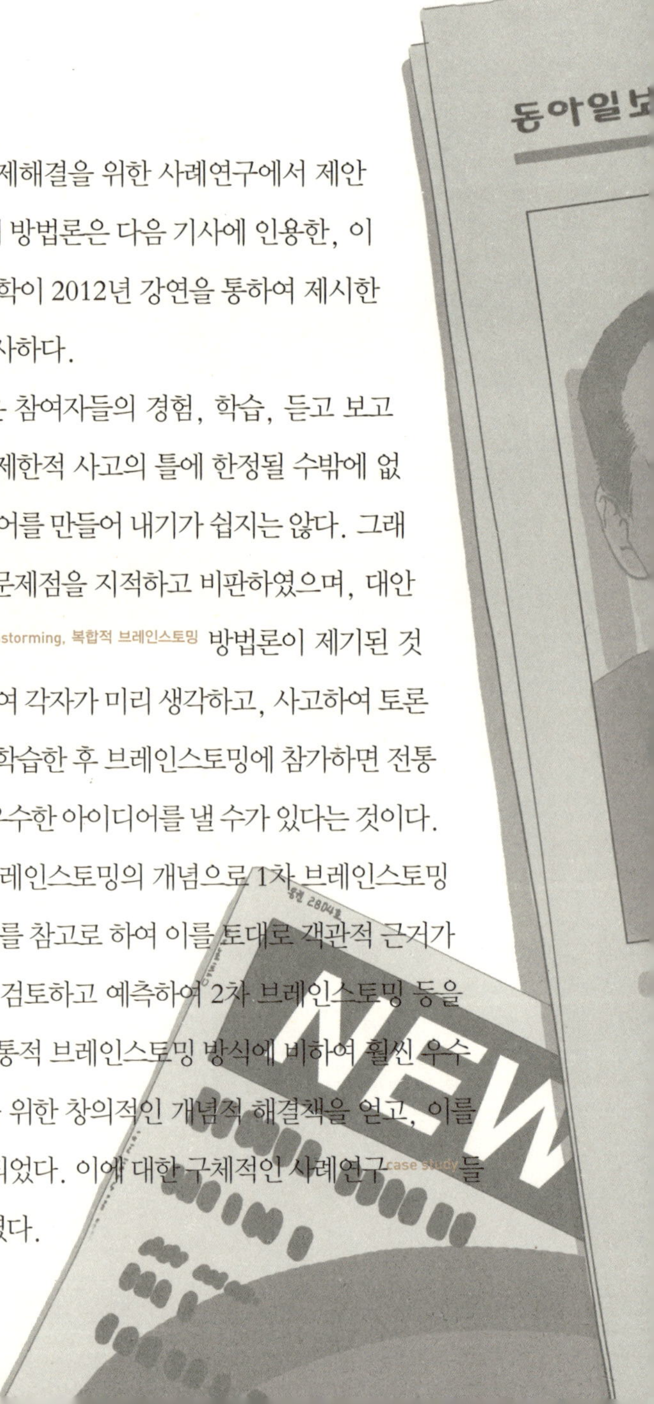

2008년 저자가 학생들에게 창의적 문제해결을 위한 사례연구에서 제안하여 수행한 독창적인 브레인스토밍의 방법론은 다음 기사에 인용한, 이 분야에 있어서의 세계적인 두 명의 석학이 2012년 강연을 통하여 제시한 브레인스토밍 방법과 성격상 아주 유사하다.

대부분의 전통적인 브레인스토밍은 참여자들의 경험, 학습, 듣고 보고 느끼는 감성과 주관에 의한 자기만의 제한적 사고의 틀에 한정될 수밖에 없으므로 새로우면서도 창의적인 아이디어를 만들어 내기가 쉽지는 않다. 그래서 이 전통적인 브레인스토밍에 대한 문제점을 지적하고 비판하였으며, 대안으로 하이브리드 브레인스토밍hybrid brainstorming, 복합적 브레인스토밍 방법론이 제기된 것이다. 이는 사전에 토론할 주제에 대하여 각자가 미리 생각하고, 사고하여 토론 시 제시할 아이디어 등에 대하여 미리 학습한 후 브레인스토밍에 참가하면 전통적인 브레인스토밍 방식에 비해 훨씬 우수한 아이디어를 낼 수가 있다는 것이다.

저자는 이미 2008년 하이브리드 브레인스토밍의 개념으로 1차 브레인스토밍을 한 후, 참가자들이 제시한 아이디어를 참고로 하여 이를 토대로 객관적 근거가 되는 자료 및 과학적 지식, 기술 등을 검토하고 예측하여 2차 브레인스토밍 등을 후속적으로 시행하였다. 이를 통해 전통적 브레인스토밍 방식에 비하여 훨씬 우수하고 구체적인 아이디어와 문제해결을 위한 창의적인 개념적 해결책을 얻고, 이를 더욱 구체화시킬 수 있다고 확신하게 되었다. 이에 대한 구체적인 사례연구case study들은 계속하여 뒤의 내용들에서 기술하였다.

"브레인스토밍은 최악의 방법이다"

미국 컬럼비아대 경영대학원 윌리엄 더건 교수가 8일 KAIST 테크노경영대학원 MBA 과정 학생들에게 전략적 직관에 대해 강의하고 있다.

"모든 기업이 흔히 사용하는 '브레인스토밍(brainstorming)'은 전략적 직관의 관점에서 봤을 때 신선한 아이디어를 찾기 위한 최악의 방법입니다." 윌리엄 더건 교수가 강의를 잠깐 쉬는 동안 기자와 나눈 대화 중 가장 강렬한 어조의 말이었다. 이유는 이랬다.

"브레인스토밍을 한다고 팀원들을 한자리에 가둬두면 겨우 5, 6명의 머리를 이용하는 것에 불과합니다. 하지만 전략적 직관을 통해 아이디어를 생산하는 것은 지구촌 60억 명의 머리는 물론이고 과거에 살았던 역사적 인물들의 머리까지 이용하는 것이죠."

더건 교수는 이 때문에 획기적인 아이디어는 '검색'을 통해 무한히 만들어질 수 있다고 강조한다. 그는 자신이 전략적 직관의 개념을 정립하게 된 것도 훌륭한 사례 중 하나라고 소개한다. 10년 전 그는 빈곤 국가들의 경제개발 문제를 연구하고 있었다. 연구 과정에서 그는 미국의 과학철학자 토머스 쿤과 기업의 '창조적 파괴' 이론을 개발한 오스트리아 경제학자 요제프 슘페터, 그리고 '전쟁론'의 저자인 독일의 카를 폰 클라우제비츠를 떠올린다.

"정말 머리에 빛이 번쩍하는 듯 했습니다. 세 사람의 이론과 진행하던 작업들의 조각들이 맞물리면서 '이거다'라는 생각이 들었죠."

2006년 개설된 그의 강의는 컬럼비아대 안에서도 최고의 인기를 누린다. 다른 나라 경영대학원 학생들이 가장 듣고 싶어하는 강의 중 하나로 꼽히고 있다. 물론 한국에도 지난해 11월 번역 출간된 '제7의 감각-전략적 직관'이라는 책으로 이미 유명세를 타고 있다.

대화 말미에 그는 짧지만 강한 충고를 남겼다.

"어설픈 모방은 창조를 부르지 못합니다. 남의 아이디어를 온전히 훔치되 반드시 나만의 것으로 만들어야 합니다."

발췌: 김창덕 기자, 동아일보 Biz Weekend, 2009년 7월 18일

"브레인스토밍의 한계… 팀플레이 앞서 개인플레이를 허용해라"

미국 와튼스쿨 교수팀 '하이브리드 브레인스토밍' 제안

아이패드나 아마존, 페이스북을 대체할 만한 새로운 아이디어를 원하는 혁신가가 가장 피해야 할 것은 무엇일까. 정답은 '단체로 하는 브레인스토밍'이다. 창의적 아이디어로 미래를 선도하려는 사람에게 가장 필요한 것은 '혼자만의 시간'이다.

미국 펜실베이니아대 경영대학원(와튼스쿨)의 크리스티안 터비슈 교수와 카를 울리히 교수는 브레인스토밍 같은 집단 회의를 하기 전에 참석자 개개인에게 생각할 시간을 주는 이른바 '하이브리드 브레인스토밍'을 해야 창의성을 극대화할 수 있다고 주장했다. 두 교수의 연구 결과는 와튼스쿨의 웹진인 '날리지 앳 와튼(knowledge@Wharton)'에 실렸으며 동아비즈니스리뷰(DBR) 59호에 전문이 번역돼 있다. 주요 연구 결과를 소개한다.

전통적 브레인스토밍 방식의 문제점

혁신적이고 창의적인 아이디어를 얻기 위해 많은 기업은 브레인스토밍 방식을 활용하고 있다. 하지만 여러 사람이 모여 경쟁적으로 아이디어를 제시하는 전통적 브레인스토밍 방식에는 많은 문제점이 있다.

"개인시간 준 뒤 팀원 회의했더니 전통적 브레인스토밍 때보다 아이디어 양적, 질적으로 더 우수"

우선 상사의 화를 돋우지 않기 위해 자기 검열을 하는 참석자가 나온다. 또 여러 사람이 제한된 시간 안에 회의를 진행해야 하기 때문에 창의적 아이디어를 충분히 설명할 시간을 갖지 못해 좋은 아이디어가 사장될 수도 있다. 자신이 아닌 다른 사람들이 어려운 일을 떠맡게 된 상황에 만족하기 때문에 특정 문제에 대해서는 덜 비판적인 태도를 취하는 사람도 있다. 때로는 타인의 아이디어와 유사한 아이디어를 제안하는 '강화 현상'이 나타나기도 한다. 일부 목소리가 큰 사람이 주장하는 방향으로 집단의 의견이 편향적으로 결정될 위험성도 배제할 수 없다.

아이디어의 양과 질 모두 높이는 하이브리드 브레인스토밍

와튼스쿨 연구팀은 하이브리드(hybrid) 브레인스토밍을 통해 전통적인 브레인스토밍의 문제점을 개선할 수 있다고 강조했다. 하이브리드 방식은 단체로 모여 아이디어를 논하기 전에 참가자 개개인에게 혼자 생각할 시간을 주는 형태로 운영된다. 실제 연구 결과, 전통적인 방식보다 하이브리드 과정을 통해 얻어 낸 아이디어가 양적으로는 물론이고 질적으로도 훨씬 우수했다.

와튼스쿨 연구진은 전통적인 브레인스토밍 방식과 하이브리드 방식을 비교하기 위해 44명의 대학생과 대학원생을 상대로 실험을 했다. 이들은 하이브리드 방식과 전통적인 팀별 브레인스토밍 방식을 이용한 그룹으로 나눈 후 가상의 스포츠용품 및 가정용품 제조업체에서 생산할 수 있을 만한 아이디어 제품을 생각해보도록 했다.

전통적인 방식을 사용한 집단에는 브레인스토밍을 할 수 있는 시간을 30분 주었다. 하이브리드 방식을 활용할 집단에는 10분의 시간을 줘서 개별적으로 아이디어를 생각하게 한 후 팀원들이 모두 모여 20분 동안 의견을 교환하게 했다. 전문가들은 서로 다른 2개의 방식을 통해 탄생한 아이디어를 개별적으로 평가했다. 학생들은 쓰레기 냄새를 줄여주는 쓰레기통, 정수 시스템이 내장된 물병, 샤워를 하면서도 책을 읽을 수 있도록 제작된 방수 시스템을 포함해 총 443개의 아이디어를 냈다.

아이디어를 평가한 결과 하이브리드 방법을 통해 얻은 아이디어의 수준이 전통적인 브레인스토밍을 통해 얻은 아이디어보다 평균 30% 가량 높은 점수를 얻었다. 또 하이브리드 방법을 사용했을 때 나온 아이디어의 개수도 전통적 방법을 사용했을 때보다 3배가량 많았다. 주목할 만한 것은 하이브리드 방법을 통해 얻은 최우수 아이디어 5개의 질이 전통적인 방법을 통해 얻은 최고의 아이디어 5개보다 우수했다는 점이다.

터비슈 교수는 "제조업체라면 1대의 매우 우수한 기계와 9대의 심각한 결함을 가진 기계의 조합보다는 적당한 성능을 가진 10대의 기계를 보유하는 게 낫다. 그러나 혁신을 추구할 때에는 여러 개의 좋은 아이디어보다 한두 개의 뛰어난 아이디어가 훨씬 효과적이다"라고 강조했다.

발췌: 신수정 기자, 동아일보 Biz Weekend, 2010년 6월 19일

창의적 사고를 위해 해야 할 것과 버려야 할 것

새롭게 발상을 하는 창의성은 특별한 재능을 가진 사람들만 하는 것이 아니다. 창의력은 스스로 학습하고 노력하면 계발되는 것으로, 사람의 근육이 훈련으로 강화되듯이 생각하고 사고하는 능력도 훈련할 수 있고, 이를 통해 두뇌도 발전시킬 수 있다. 따라서 창의적 사고를 위해서는 다음 표와 같은 훈련과 계발을 지속해 나가야만 한다.

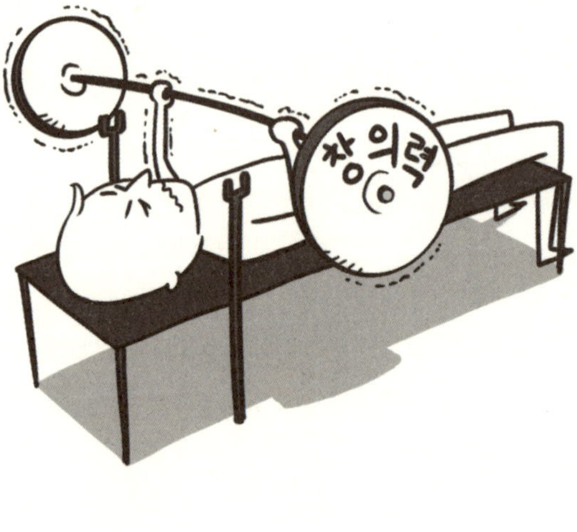

DO

해야 할 것

전문성을 살려라

모순의 양면을 해결하라

상상력을 발휘하라

개념을 명확히 하라

다양한 지식을 활용하라

아이디어를 실행에 옮겨라

사고의 유연성을 가져라

DO NOT

버려야 할 것

고정관념을 버려라

부정적 사고에서 벗어나라

선입관을 제거하라

변화에 저항하지 마라

사고결핍증에서 벗어나라

창의적 생각을 막는 3가지 편견

① 창의성은 타고 나는 것

② 과정보다 결과가 중요

③ 좋은 아이디어는 그저 운

지루한 업무를 재미있게 바꿀 수 있을 만큼 창의적인 생각은 타고난 천재만 할 수 있는 것일까? 정답부터 말하자면 '아니오'이다. 창의적인 생각은 누구나 가능하다. 하지만 현실에서는 창의성이 잘 발휘되지 못한다. 그 이유는 무엇 때문일까? 켈로그 경영대학원 교수이자 창의성과 혁신 분야의 전문가인 앤드류 라제기는 널리 퍼져 있는 창의성에 대한 편견 때문이라고 말한다. 그가 이야기하는 세 가지 편견은 무엇일까?

첫째, '창의적인 사람'과 '창의적이지 못한 사람'으로 나뉘어 있다는 편견이다.

창의적이라고 간주되는 사람들은 무한한 재능을 타고났기 때문에 창조를 위해 별다른 노력을 기울일 필요가 없다고 단정 짓는다. 이런 잣대는 '창의성은 학습이 불가능한 것'이라는 고정관념을 낳고, 결국 창의적인 생각을 위해서는 훈련이 필요하다는 것을 이해하려는 노력조차 하지 않게 된다.

둘째, 창의적인 생각은 과정이 없고 결과만 있을 뿐이라는 편견이다.

누구나 한 번쯤은 창의적인 아이디어가 번개같이 머리를 스치는 순간을 경험해

보았을 것이다. 하지만 그 순간에 앞서 아이디어가 나오기까지 있었던 생각의 과정을 중요하게 생각하는 경우는 드물다. 단지 번개처럼 나타난 아이디어 그 자체만을 기억하려고 할 뿐이다. 과정의 결과물인 아이디어에 매혹되어 너무 열중한 나머지, 그 아이디어가 갑자기 튀어나오게 된 이유와 그 과정을 다시 반복할 수 있는 방법에는 미처 눈을 돌리지 못한다.

셋째, 창의적인 아이디어를 떠올리는 것은 '운'이라는 편견이다.

창의적 사고과정에서 나타나는 논리적인 생각을 이해하고 이를 다른 데에도 적용하려는 시도를 해야 하지만, 그러지를 잘 못한다. 창의성이 하늘에서 뚝 떨어지는 것이라고 여기기 때문이다. 또한 반드시 돈이 되는 아이디어나 일상생활에 도움이 되는 생각만 창조적인 아이디어라고 판단한다. 그렇게 되면 일상생활에서 나타나는 창조적인 생각의 대부분을 그냥 기억의 저편으로 흘려버리고 만다.

발췌: 윤경혁 IGM 연구원, 조선일보, 2012년 4월 26일

Chapter. 03

다중지능이론

Theory of Multiple Intelligences

Intelligence

다중지능이론 Theory of Multiple Intelligences 이 왜 주목받는가?

왜 공부를 잘하는 학생들에게는 '머리가 좋다', '지능이 뛰어나다'라고 하면서, 음악이나 미술이나 운동 등의 예체능을 잘하는 학생들에게는 '재주가 좋다', '재능이 뛰어나다'고 하는 것일까?

지능은 타고나는 것이고, 재능은 본인의 노력 여하에 따라 만들어지는 것인가?

지능과 재능은 따로 존재하는가?

미국 하버드대학교 하워드 가드너 교수는 이처럼 무의식적으로 쓰는 '지능'과 '재능'에 대해 연구하기 시작했다. 그 결과, 학교에서 뛰어난 성적을 거두는 학생이든, 피아노를 잘 치는 학생이든, 그림을 잘 그리는 학생이든, 운동을 잘 하는 학생이든, 이 모두가 두뇌 활동의 결과물이며 따라서 그것은 모두 지능이라고 해야 마땅하다는 결론을 내렸다.

피아노를 잘 치는 것 역시 두뇌가 음계와 리듬, 강약과 멜로디, 그리고 곡 전체의 분위기를 인지해야 가능한 일이다. 악보의 변화와 건반 간의 밀접한 상호작용을 두뇌가 처리하지 못한다면 피아노 연주란 그저 아무 건반이나 누르는 일에 불과하기 때문이다. 따라서 연주활동은 마땅히 두뇌활동과 그와 관련된 지능이 작용한 결과인 것이다.

뿐만 아니라, 말을 재치 있게 하거나, 항상 주변에 친구들이 끊이지 않는 사람, 어디를 가든 길을 잘 찾아내는 능력이 탁월한 사람 모두가 그 분야에서 타고난 지능을 가지고 있다는 것이다. 다만 측정하는 방법이 없다고 해서, 현재 상황에서 계발할 도리가 없다고 해서 이 같은 능력들을 사장시켜서는 안 된다는 것이다.

여기서 말하는 '지능'이란 '생체 심리학적으로 내재된 가능성 혹은 능력'이라고 하워드 가드너 교수는 정의하였으며, 이 가능성을 크게 7가지로 나누었다.

다중지능이론의 정의

다중지능이론은 미국 하버드대학교의 심리학과 하워드 가드너Howard Gardner 교수가 종래의 IQ지능지수개념에 대비하여, 우리 인간은 언어와 수리 지능만을 가지고 있는 것이 아니라 그 외에도 음악 지능, 내부적 성찰지능, 대인관계 적응지능, 신체율동지능, 시공간적 지능이 있다고 주장한 이론으로서 1950년대 피아제Piaget, 브루너Bruner의 이분법지능이론과 정면 대치되는 지능이론이다. 그간 꾸준하게 연구되어 오다가 최근에 멀티미디어 매체가 교육에 접목되기 시작하면서 다중지능이론의 정당성에 대한 연구가 활발하게 진행되고 있다.

1983년 정립한 다중지능이론에 의하면 사람의 지능은 IQ라는 하나의 지표로 측정할 수 없고, 다양한 지능의 발현으로 보아야 한다고 주장하고 있다.

- 다중지능이론(Theory of Multiple Intelligences)은 하워드 가드너 교수(Howard Gardner, 하버드대학교 심리학과 교수/보스톤대학교 신경학과 교수)가 종래의 IQ개념에 대하여 다중지능(MI)이론을 제시하면서 교육학과 심리학에 돌풍을 일으킨 1983년에 정립한 지능이론이다.
- 사람은 IQ라는 하나의 지표로 측정할 수 없고, 위에서 설명한 7가지 지표의 복합적인 발현으로 보아야 한다고 주장하고 있다.

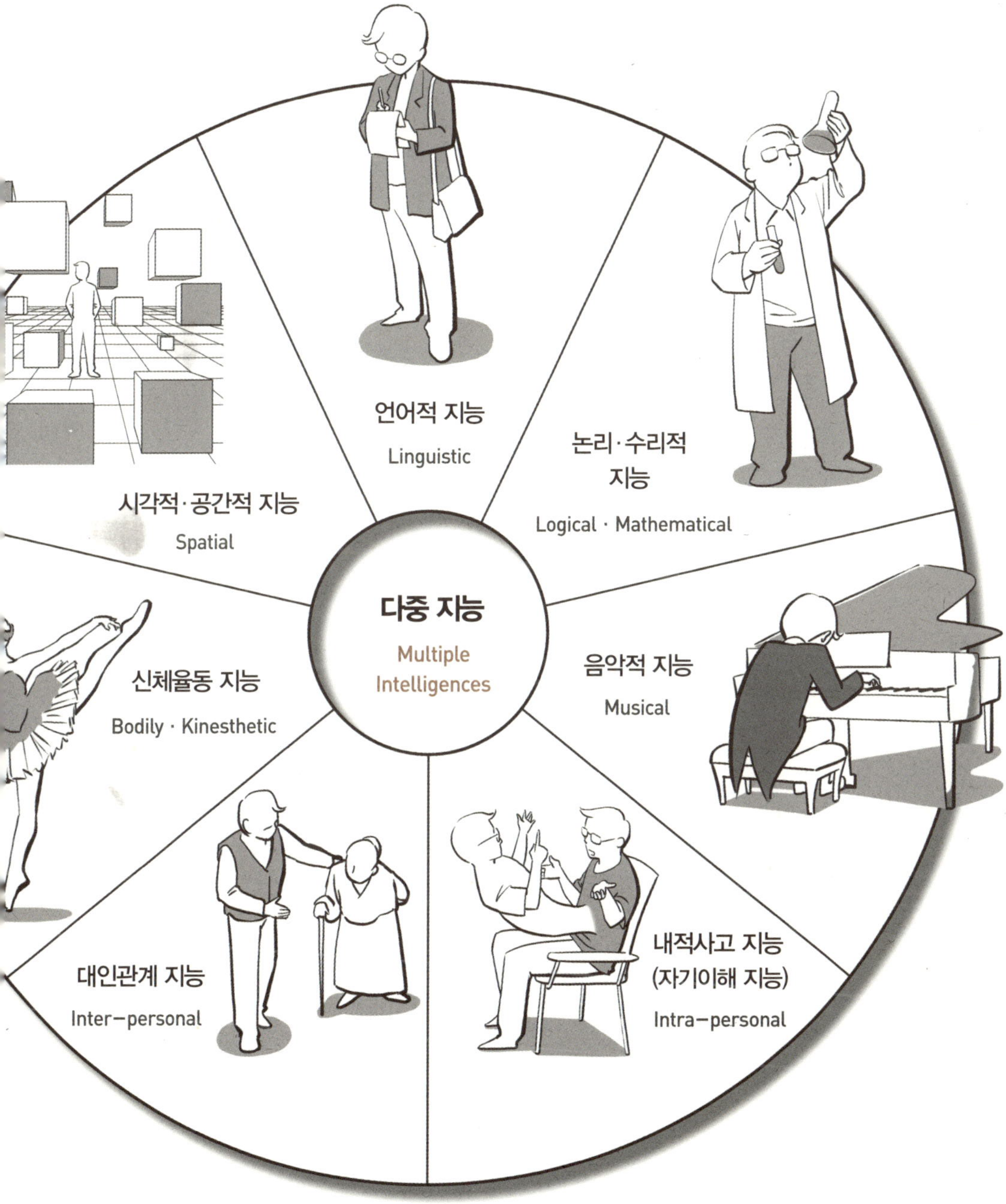

그림 **파이차트**pie chart **다중지능의 7가지 종류** (Howard Gardner, Frames of Mind: The Theory of Multiple Intelligences, 1983)

다중지능의 7가지 종류

하워드 가드너 교수에 의하면 우리 지능은 앞의 파이 차트pie chart에서 제시한 7가지 지능으로 구성되어 있으며, 이중 개개인이 특별하게 받은 지능을 가질 수 있는데 이것을 교육과 훈련을 통하여 계발하여 장래 직업이나, 전문적 활동영역으로 발전시킬 수 있다고 볼 수 있다. 7가지 지능을 각각 설명하면 아래와 같다.

① 언어적 지능

언어적인 지능이란 단어를 매우 효율적으로 사용하여 말을 잘하거나 글을 잘쓰는 능력을 말한다. 언어적인 지능이 뛰어난 사람들은 다음과 같은 언어행위를 잘해내는 능력을 가진 자들이다. 보통 언어적인 지능이 높은 사람들은 정치가, 강연가, 전래동화구연자, TV · 라디오 프로그램 진행 아나운서, 신문방송 기자, 작가, 시인, 편집장 등의 전문 직종에서 성공할 확률이 높다.

1 언어의 규칙이나 구조를 잘 다루는 능력
2 언어 발음을 잘 파악해서 구사하는 능력
3 언어의 의미를 대화에서나 글에서 잘 파악하는 능력

4 언어를 사용하여 수사학적 기교를 잘 부린다든지, 언어정보를 기억하기 위하여 어떤 기억 장치를 잘 만들어 낸다든지, 언어를 사용하여 자기가 전달하고자 하는 내용을 논리적으로 잘 설명하는 능력
5 언어 자체에 관하여 말을 잘할 수 있는 능력

② 논리·수리적 지능

논리 · 수리적인 지능이란 숫자를 잘 다루는 능력이나 논리적으로 잘 따져 보는 능력을 말한다. 숫자를 잘 다루는 능력을 가진 자는 수학자, 통계전문가, 회계사 분야에서 성공할 확률이 크고, 논리적으로 잘 따져보는 능력을 가진 사람은 컴퓨터 프로그래머, 논리학자, 과학자로서 성공할 확률이 크다. 논리 · 수리적인 능력을 가진 사람들은 다음 사항들을 제대로 감지할 수 있다.

1 논리적인 패턴과 관계를 잘 파악하는 능력
2 조건과 결과, 원인과 결과 관계를 잘 이해하는 능력
3 복합적인 일들의 관계를 잘 이해하는 능력
4 관계되는 내용들을 압축하는 능력

③ 음악적 지능

음악적인 지능이란 음악을 잘 감지하는 능력을 말하는데 음악을 그저 듣기를 좋아하는 자, 음악을 듣고 비평을 잘하는 자, 악기를 잘 다룰 줄 아는 자로 구분된다. 음악적인 지능이 뛰어난 자는 가수, 음악 평론가, 악기 연주가, 작곡가 등으로 성공할 확률이 높다고 볼 수 있다. 음악적인 지능이 뛰어난 사람들은 다음의 능력을 가지고 있다.

1 리듬, 피치(음높이), 멜로디 등을 잘 파악하는 능력
2 음악을 들으면서 약한 음과 강한 음을 구분할 수 있는 능력

④ 내적사고 지능(자기이해 지능)

내적사고 지능이란 자신이 어떤 성격을 지닌 사람인지를 이해하고 그것에 따라서 행동하는 능력을 말한다. 내적 사고 지능을 가진 사람들은 자신의 장점과 단점을 충분히 이해하고 이러한 지능을 일상생활에 적용하면서 살아간다고 볼 수 있다. 내적 사고 능력이 뛰어난 사람들은 다음의 능력을 지니고 있다.

1 자신의 내적인 무드를 파악하는 능력
2 동기유발하는 능력
3 자신의 욕구를 파악하는 능력
4 스스로 절제하는 능력
5 자발적인 훈련 능력
6 건설적인 자긍심을 발휘할 수 있는 능력

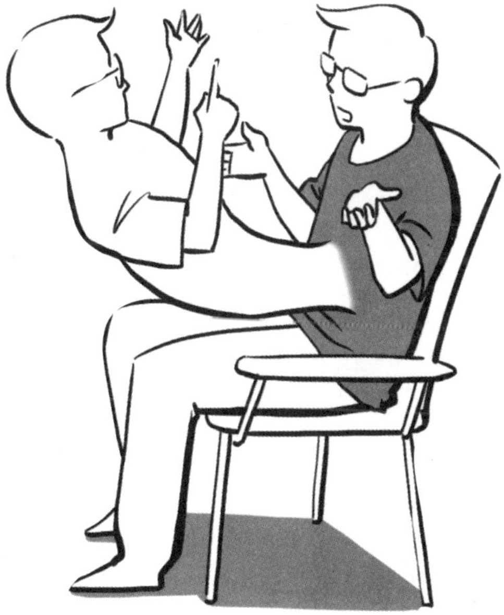

⑤ 대인관계 지능

대인관계 지능이란 상대방의 무드, 의도, 동기, 감정을 재빨리 파악하여 적절하게 대처해낼 수 있는 능력을 말한다. 대인관계 적응 능력이 뛰어난 자는 코미디언, 개그맨, 협상가, 사회봉사자 등의 직업에서 성공할 확률이 높다. 대인관계 적응 능력을 가진 자는 다음과 같은 능력이 뛰어나다.

1. 상대방의 얼굴동작, 제스처, 목소리 등에 민감하게 반응할 수 있는 능력
2. 개인들이 풍기는 암시요소들 간에 구분을 명확하게 할 수 있는 능력
3. 이러한 암시요소들을 감정의 강도에 따라서 우선순위를 매길 수 있는 능력
4. 우선순위에 따라서 상황에 적절하게 대처하는 능력
5. 부정적인 감정을 억누르고 긍정적인 감정을 촉발시킬 수 있는 능력

⑥ 신체율동 지능(신체운동적 지능)

신체율동 지능이란 신체를 이용하여 아이디어나 감정을 표현하거나 손을 이용하여 물건들을 조작하는 능력을 말한다. 배우, 운동선수, 댄서, 판토마임 연기자는 전자에 속하고, 예술가, 화가, 기술자, 조각가, 외과의사는 후자에 속한다. 신체율동 지능을 가진 자는 다음과 같은 능력을 지닌다.

1 근육을 자유자재로 조절할 수 있는 능력
2 균형을 이룰 수 있는 능력
3 몸동작이 유연하여 어떤 동작도 해낼 수 있는 능력
4 근육질을 강하게 다룰 수 있는 능력
5 신체의 전반적인 유연성을 발휘하는 능력
6 속도를 낼 수 있는 능력

⑦ 시각적 · 공간적 지능

시각적 · 공간적인 지능은 시각적이나 공간적인 세계를 잘 감지해서 이러한 감각을 토대로 변형을 주도할 수 있는 능력을 말한다. 시각적 · 공간적 지능을 가진 사람은 다음과 같은 능력이 뛰어나다.

1. 색깔을 예리하게 감지하는 능력
2. 선을 예리하게 감지하는 능력
3. 도형과 형상을 예리하게 감지하는 능력
4. 공간을 예리하게 감지하는 능력
5. 위의 시각적 · 공간적인 요소들 간의 관계를 예리하게 감지하는 능력
6. 개념을 시각적으로 변형하는 능력
7. 시각적이거나 공간적인 아이디어들을 그림이나 그래프로 제시할 수 있는 능력

기존의 7가지 지능에 자연탐구 지능이 추가되어 8가지 지능으로 확장되었다.

⑧ 자연탐구(친화) 지능

자연탐구 지능은 자연세계에 대한 민감성을 갖추어 식물이나 동물을 이해하고 과학적 연구나 활동에 몰두하는 능력으로 자연 현상에 대한 유형을 규정하고 분류하는 능력을 말한다. 원시 사회에서는 어떤 식물이나 동물이 먹을 수 있는지를 그들의 자연친화 지능에 의존하여 알아냈다. 현대 사회에서는 기후 형태의 변화에 대한 감수성과 같은 것으로 자연친화 능력을 잘 나타내준다.

다중지능이론에 대한 결언

첫째, 모든 개개인은 이 8가지 지능을 모두 가지고 있다.

둘째, 모든 사람은 각각의 지능을 적절한 어떤 수준까지 계발시킬 수 있다.

셋째, 8가지 지능들은 여러 가지 복잡한 방식으로 함께 작용한다. 즉 지능들은 항상 서로 교류하면서 작용한다.

넷째, 각 지능 영역 내에서도 그 지능을 향상시킬 수 있는 많은 방법들이 있다.

- 이와 같은 8가지 지능을 복합적으로 적용한 것을 인간의 지능으로 보아야 하며, 이 중 특별히 강점을 나타내는 지능에 기초해 상호 보완적으로 교육 및 훈련에 임해야 한다.
- 이와 같은 이론을 바탕으로 가능한 자신의 적성을 판단하여 직업을 선택하고, 자기 계발을 해나가는 것이 인생의 목표를 달성하고 성취감을 얻는 데 있어 바람직하다.

Chapter. 04

사례연구

Case Study

Case Study

사례연구 Case Study

IQ의 변화 가능성에 대한 브레인스토밍

다음 사례는 앞서 전통적 브레인스토밍 기법을 발전시킨 하이브리드 브레인스토밍과 유사한 연구사례로 저자가 2008년 대학생들에게 창의성에 관한 주제를 가르치고 조별로 과제를 주어서 토론한 내용의 일부이다.

내용은 다음과 같다.

"1930년대 IQ를 테스트 한 10대 청소년이 건강한 신체조건으로 나이가 들어서 50대가 되었고, 이들을 대상으로 10대 때와 똑같은 문제로 IQ를 테스트한 결과 IQ는 집단평균으로 비교하였을때 어떻게 변화될 것인가?를 다음의 셋 중에서 고르고 이에 대한 논리를 전개하시오."

1. 증가　　2. 감소　　3. 정체

단, 전제조건은 IQ 테스트가 처음 실시된 영국에서 1930년대 10대 청소년을 실험대상으로 하였으며, 이들이 정신적, 신체적 건강한 조건으로 나이가 들어 50대가 되었을 때 같은 실험자에게 똑같은 IQ 문제로 테스트한 경우인 것이다. 기술의 발달과 시대적 환경과의 변수를 고려하고 브레인스토밍 방법을 활용하여 IQ의 변화에 대한 결론을 도출하시오.

다음에 여러 조 중 〈1. 증가〉로 결론을 도출한 조 (조원 5명)의 브레인스토밍 과정을 예시한다.

조원

근행, 미나, 범서, 선혜, 윤호

개요

1단계 문제인식 – "IQ 테스트란 무엇인가?"
2단계 1차 브레인스토밍 – 연령에 따라 변하는가?
3단계 1차 브레인스토밍 결과 및 방향 설정
4단계 2차 브레인스토밍 자료 검색 및 의견 제시
5단계 결론 도출

1단계 **문제인식**

IQ 테스트란 무엇인가?

IQ(Intelligence Quotient; 지능지수)

1900년에 프랑스 비네에 의해 최초로 제작 되었다. 군사력을 제대로 정비하는 과정에서 사람들의 지능을 바탕으로 적재적소에 배치해야겠다는 생각을 가지게 되었다. 이런 요구에 의해 만들어진 것이 최초의 IQ 테스트이다.

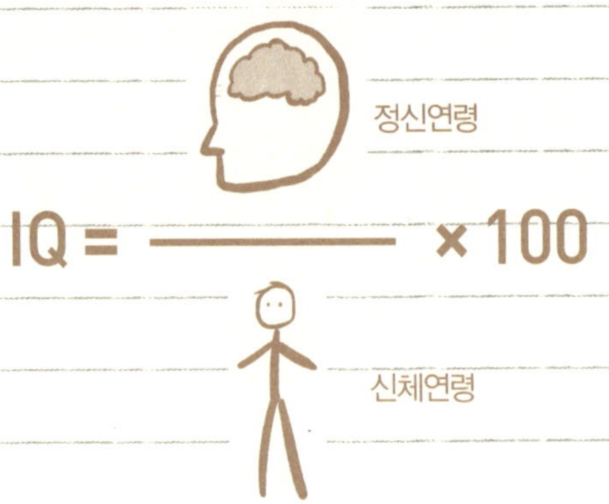

그 후 1912년 독일의 심리학자 O. 슈테른과 미국의 L.M. 터먼 등은 정신연령의 생활연령에 대한 비를 구하는 IQ를 고안하게 되었다.

이에 의하면, 평균지능이 100점이 되어 지능의 우열을 판단하는 데 있어서는 이해하기 쉽다는 이점이 있으나, 수리통계학적으로 반드시 엄밀한 의미를 전제로 하는 숫자라고는 할 수 없기 때문에 현재는 지능편차값(知能偏差値)을 아울러 사용하는 경우가 많다.

현재의 테스트 방식은
IQ = (정신연령 ÷ 신체연령) × 100 으로 정의하고 있다.

개인의 정신연령을 신체연령으로 나누고 100을 곱하면 지능지수 IQ Intelligence Quotient가 나온다. 그러므로 정신연령과 신체연령이 똑같은 사람은 100이라는 IQ 또는 평균지능을 가지게 된다. 그러나 10세 아동이 13세의 정신연령을 갖고 있다면 그의 IQ는 130이며 평균 이상이 된다. 성인의 평균 정신연령은 18세 이후에는 증가하지 않으므로 IQ 검사를 받는 성인은 18세의 신체연령을 할당받는다. 정신연령은 프랑스의 심리학자 알프레드 비네가 처음으로 정의하였다.

2단계 최초 의견 제시

1차 브레인스토밍

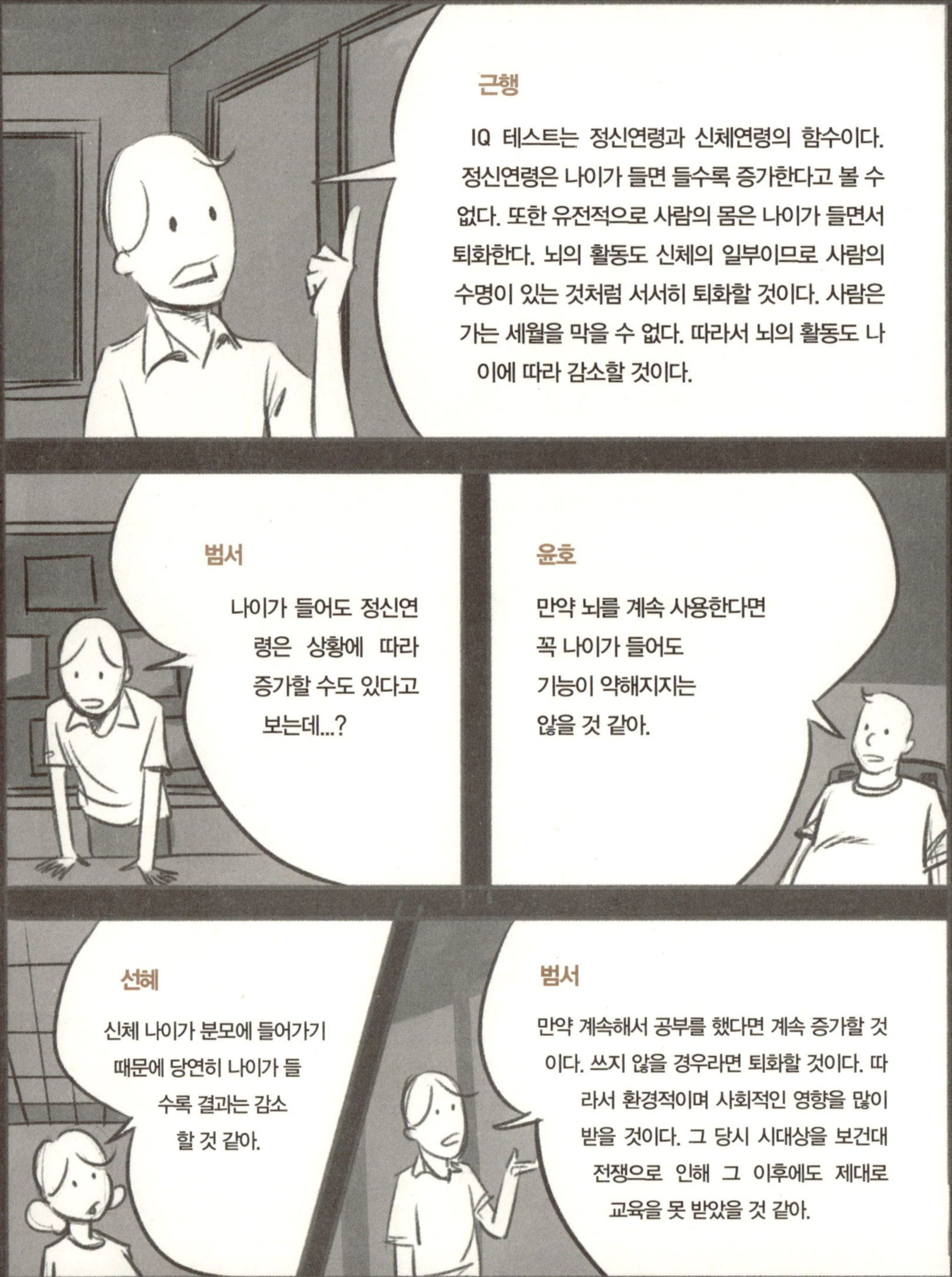

근행
그럴 듯한 말이지만 아직 논리적인 면이 좀 떨어지고 문제에서 요구하는 답을 고르기가 힘들 것 같아.
미나
보통 IQ는 어렸을 때부터 높아지다가, 30~40대쯤까지는 정체를 하고 그 이후의 연령대에서는 다시 줄어들 것 같아. 만약 신체나이가 숫자 나이가 아니라 활력이라고 한다면 나이가 들수록 분모가 줄어들 수도 있을 테니까 증가할 수도 있을 것 같기도 하고.
윤호
맞아. 그럴 수도 있겠어...
선혜
신체나이가 나이 대에 따라 변하는게 맞는 건지 확실한 거야?
윤호
IQ 정의는 정신연령을 신체연령으로 나눈다. 분모 자체가 10에서 50으로 올라간다. 시간에 따라 변수가 정해져 있는 것이다. 20~30대가 상식적으로 활발하고 이후에는 그때까지 배운 것들이 반복되는 시기이다. 따라서 감소한다.
근행
20~30대까지 활발한 시기이고 이후에는 배운 것이 반복된다는 근거가 있는 것은 아니다. 그 시기 이후에 훌륭한 일을 해낸 사람도 많이 있다.
선혜
나이가 들어도 IQ는 변하지 않는다. IQ는 같은 나이의 사람과 비교되기 때문에 평균 100으로 시작해서 높든지 낮든지 정해지는 것은 아닌가? 내가 해봤는데 별로 변화가 없던 것 같아.
미나
그래도 이 과제에서는 다른 나이로 측정한 값을 물어 보는게 아닐까?

3단계

1차 브레인스토밍의 결과 및 방향 설정

- 예상 외로 감소, 증가, 정체를 포함한 **다양한 의견**들이 나옴
- 문제를 바로 접한 후여서 생각은 다양하지만
  논리적으로 뒷받침할 수 있는 **근거들이 부족함**
- 자신의 의견을 뒷받침할 수 있는 **논리적인 방법의 필요성**을 깨달음
- 각자가 제시한 의견의 **타당성을 위해 자료 조사**와
  2차 브레인스토밍을 계획한 후 해산.

4단계 자료 검색 및 의견 제시

2차 브레인스토밍

- 각자 자신의 의견을 뒷받침할 수 있는 **근거**와 함께 **새로운 의견**을 제시한다.
- 서로 간의 의견을 합하여 **조별 의견방향을 제시**한다.
- 그 밖의 다른 **자료와 생각들을 공유**한다.
- 결론을 도출한다.

근행의 자료분석과 해석

- 뇌파에 미치는 음악의 영향에 관한 임상연구를 진행하고 있는 미국 LA 한인타운의 장원철 신경내과전문의는 "흔히들 나이가 들면 뇌가 굳어서 뇌기능이 떨어지고, 태어나면서 IQ가 결정된다고 하지만 이전에 발표된 다른 여러 연구를 통해서, 또 나의 여러 임상 경험을 봐서도 뇌는 항상 변한다는 것을 발견할 수 있었다."며 뇌를 어떻게 쓰느냐에 따라 뇌기능이 더 좋아질 수도 있고 더 나빠질 수도 있다고 지적했다.
- 뇌는 쓰면 쓸수록 변화한다. 사람의 뇌세포는 100억개 이상이 있으며 그 세포들은 모두 연결돼 감정, 행동, 움직임 및 감각 수용기능 등 각 부분이 밸런스를 이루며 조화해 기능한다. 물론 사람마다 뇌세포 수는 다르다. 10년 전까지만 해도 사람은 태어날 때 이미 뇌세포의 개수가 정해져 있고 나이 들수록 수가 줄어든다는 것이 통설이었지만, 솔크 생물학 연구소와 컬

럼비아대 연구팀은 나이와 관계없이 사람의 뇌세포는 언제든지 늘어날 수 있다는 것을 발견했다. 또 지난 2007년 컬럼비아대 메디칼 센터팀이 발표한 연구에 따르면 운동이 단순히 뇌세포의 수를 늘릴 뿐 아니라 두뇌에 평소의 두 배나 되는 피를 공급한다는 것도 밝혀졌다.

"1차 브레인스토밍에서는 뇌는 나이가 들면 퇴화하기 때문에 생물학적으로 뇌를 쓰는 IQ도 함께 낮아질 것이라고 처음에는 생각했지만, 자료 검토 결과 뇌의 활동과 나이와의 관계는 그다지 관련이 없는 것으로 판단하여 IQ 또한 평균적으로는 쉽게 변하지 않을 것이라는 의견으로 수정하겠어."

"하지만 IQ라는 특정한 테스트에 관련한 뇌와의 연관성은 조금 부족한 것 같아."

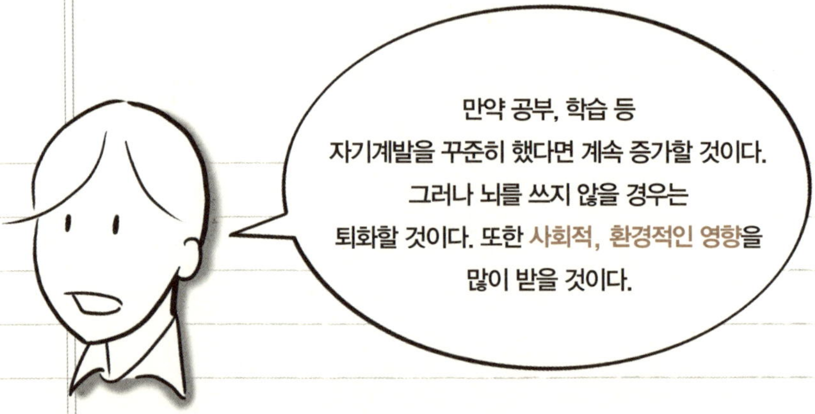

범서의 자료 분석과 해석

- 다음 자료를 참고한다.

  (http :// www.geocities.com/rnseitz/Definition_of_IQ.html)

- 자료에 의하면 평균 IQ지수는 89~111 사이이며, 이러한 지능 지수를 갖는 사람들의 직업 또한 상세히 나와 있다.

- 좀 더 나은 교육을 받고 경험을 가진 사람들(아래의 발췌한 자료에서 보여주는 좀 더 나은 교육과 경험을 한 사람들이라 함은 쉽게 말해 전문직에 종사하는 사람들을 의미한다.)의 IQ는 더 높은 결과 값을 얻었으며 그에 반해 낮은 수치의 IQ를 갖는 사람들의 이유를 살펴본 결과 외적인 요소가 되는 2차 세계대전의 영향을 받은 것으로 나타났다.

  (참고자료 이하생략)

따라서,

"IQ가 10대 때부터 50대가 될 때까지는 감소한다고 생각한다. IQ라 하면 같은 또래의 인간의 뇌 능력을 (정신지수/신체지수) × 100과 같이 수치화한 것이다. 지속적인 뇌의 활동 즉, 많은 경험 그리고 지속적인 교육, 사회적 영향(외적인 영향), 다양한 활동들은 뇌를 성장시키거나 감소시킨다고 말하고 있다. 나는 우선 1930년대 영국에서 실시라는 말에 주안점을 두고 시작하겠다. 평균적인 관점으로 바라보면 1930년대의 영국의 시대적 상황을 보았을 때, 1939년 2차 세계대전의 발발로 인해 전쟁기간 중 제대로 된 교육을 받을 수 있는 시스템조차 파괴되거나 배움의 기회가 저조했을 것이다. 즉 10대때 실시한 테스트 결과는 2차 세계대전이라는 외적인 영향에 의해 감소할 것이라고 본다."

IQ테스트 자체가 사회적이나 여러 가지 영향에 대하여 민감하므로 쉽게 정의하기 힘든 것이다.

자료에 의한 분석에 따르면 영국이 2차 세계대전으로 인한 영향을 받아서 이 문제에서 만큼은 감소하였을 것이다.

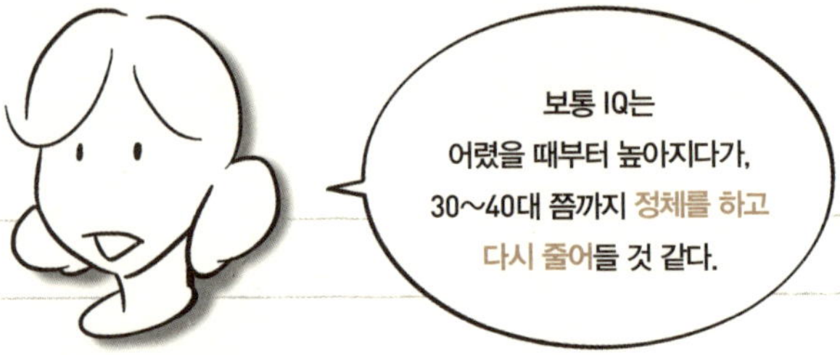

미나의 자료 분석과 해석

- IQ는 연습한다고 늘어나는 것이 아니다. 그래서 같은 문제를 풀고 10살일 때를 입력했을 때와 50살 때의 아이큐를 비교해 본 결과 10살 때보다 50살 때가 더 낮았다. 그리고 IQ가 가장 높을 때는 23~25세였다.

따라서 신체연령은 감소하고 정신연령은 신체연령이 감소하는 비보다 더 감소하기 때문에, 50세일 때에는 IQ가 감소할 것이다.

선혜의 자료 분석과 해석

지능의 발달

- 지능의 발달경향은 신체적 발달과 유사하여 생후 6, 7개월부터 시작하여 아동기까지 가속적으로 발달하다가 아동기 후기

부터 발달속도가 떨어져서 15세 정도가 되면 성인의 약 90% 수준에 이르며, 18~21세에는 정점에 이르고 그 이후에는 거의 정체상태에 이르는 것으로 알려져 있다.

이러한 발달 경향은 개인차가 있으며 여러가지 요인에 의해 영향을 받은 것으로 고려된다. 그것은 크게 유전과 환경의 영향으로 나누어 생각할 수 있다.

$$IQ = \left(\frac{\text{mental age (정신연령)}}{\text{chronological age (신체연령)}}\right) \times 100$$

IQ검사의 측정방법은 정신연령을 신체연령으로 나누어 100을 곱해준 수치이다. 정신연령은 여러 가지 테스트로 관찰할 수 있다. 테스트에 의한 정신연령 점수를 가지고 같은 나이의 아이들의 점수와 비교를 하는데, 예를 들자면 만약 길동이(원래는 8살)가 시험을 쳐서 정신연령이 12살로 나왔다고 가정하면 $IQ = (12/8) \times 100 = 150$, 즉 IQ가 150이 나온다.

평균 IQ는 언제나 100으로 맞춰지고, 거기서 높은가 낮은가에 따라서 똑똑한지 바보같은지가 정해진다.

"IQ는 같은 나이의 사람과 비교되기 때문에 초등학교 6학년이든 대학교 4학년이든 언제나 평균 100으로 시작해서 높든지 낮든지 정해진다. 그렇기 때문에 평균 IQ는 나이에 상관없이 언제나 100이다."

따라서 나이가 들어도 IQ는 평균적으로 변하지 않는다.

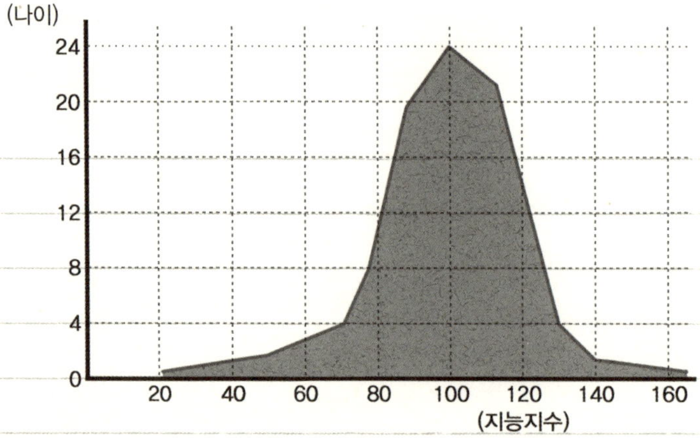

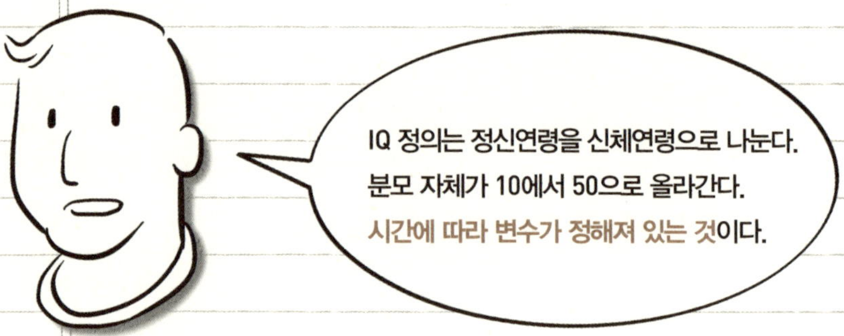

윤호의 자료 분석과 해석

- 우선 실험을 하기 위해서는 몇 가지의 조건들을 만족시켜야 한다. 우선 실험적 연구에서 가장 중요한 것은 변인의 통제와 개념의 조작적 정의이다(이 실험에서는 조작적 정의(IQ)가 정해졌으므로 더 이상 다루지 않도록 했다).

- 실험을 하는 경우에는 연구하고자 하는 변인만 조작하고 나머지 변인은 움직이지 않은 상태로 두어야 인과관계를 알 수 있게 되는데 이것을 변인의 통제라고 한다.
- 이 실험에서 움직이고 싶어하는 변인은 나이라는 변수 하나였지만 결과적으로 변인의 통제 실패라고 볼 수 있다. 의도하든 의도하지 않았든 나이라는 변인 외에도 많은 변인들(생활환경, 교육, 음식, 문화, 주거위치, 지적 자극, 정서적 환경, 영양상태, 직업, 운동, 건강상태 등)이 작용했다.

5단계

결론 도출

증가

세월의 흐름에 따른 IQ 테스트의 비교에 대한 정확한 답을 내리기는 어렵다. 그러나 브레인스토밍 결과 각자의 판단, 자료 분석과 해석, 지식의 공유 등을 통하여 서로 다른 의견들을 하나로 일치시켜 최종결론을 도출한 것이다.

1 건강한 상태의 50대라면 (영양소가 꾸준하면서 충분히 뇌에 전달될 수 있는 수준의) 뇌의 활동이 줄었다고는 말할 수 없다.

2 지적능력은 한 단계로 되어 있는 것이 아니라, 여러 단계(지식 → 이해력 → 응용력 → 창의력)로 분류되어 있어 간단한 것에서 복잡한 것으로 발달하게 되어 있다.

3 처음에는 학습내용을 단순히 암기하거나 기억하는 단계에서 그 다음에는 이를 자기 나름의 방법으로 이해하여 응용해 보고, 이를 토대로 전체적인 원리를 파악하여 종합적으로 정리함으로써 전체적으로 판단할 수 있는 능력을 가지게 되는 것이다.

그러므로 나이를 먹어감에 따라 큰 폭은 아니겠지만 미미하게나마 IQ 수치는 증가한다고 추측한다.

6단계

자료 공유 및 해석

모든 의견들을 종합해본 결과

로 생각하고 있었다.

모두가 타당성 있는 주장과 자료를 가지고 있음에도 의견은 일치 되지 않았다. 그 이유는 무엇일까?

IQ 테스트 결과에 대한 오류와 진실

플린 효과the flynn effect **:**
세대가 지날수록 IQ 테스트 점수가 꾸준히 증가하는 현상

J.P Rushton 교수의 『RACE, EVOLUTION, and BEHAVIOR: A Life History Perspective』에 따르면 유럽, 북미, 아시아 그리고 개발도상국들 거의 30여개 국가로부터 모은 지능검사 결과 모든 경우에 그 내용은 거의 똑같았는데, 전 세계에 걸쳐 IQ는 매년 약 0.3%씩 오르고(10년에 3%) 있었다. 무슨 이유인지, **인간은 더 영리해지고 있었다**(여러 가지 사회요인과 교육환경 등의 영향으로 추측된다).

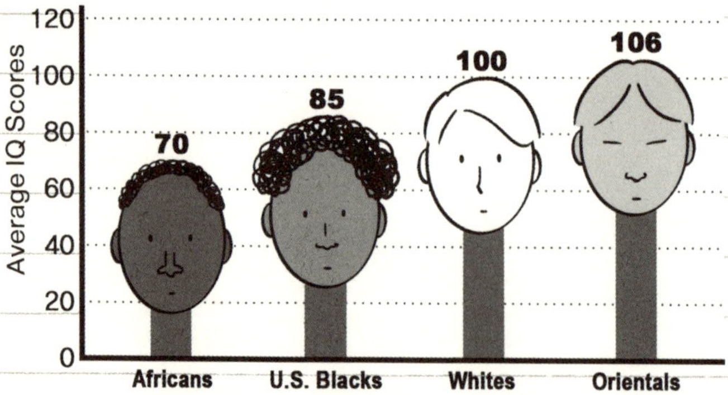

그림 인종별 IQ. 왼쪽부터 아프리카인, 미국 흑인, 백인, 황인.
그래프에서 보듯이 황인종의 IQ가 가장 높다.

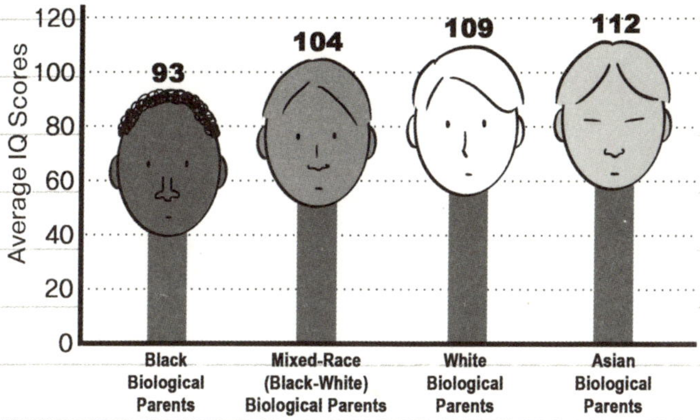

그림 백인 중산층 가정에 입양되어 양육된 아이들의 인종별 평균 IQ. 왼쪽부터 흑인, 흑인과 백인의 혼혈, 백인, 황인.

- 지능 차이는 문화적, 경제적 차이에 의한 것이라는 주장은 아무래도 다른 인종 간에는 적용될 수 없을 듯 싶다.

브레인스토밍의 사례를 비교적 구체적으로 예시하였다. 앞서 설명한 전통적 브레인스토밍의 문제점을 자료검색과 분석을 이용해 2차 브레인스토밍을 거치면서 결론을 도출해 내는 과정을 설명하기 위해서이다. 다중지능이론을 설명하면서 간략히 넘어갔던 IQ를 주제로 다룸으로써 창의성과 IQ의 상관관계를 알아보기 위한 의도도 있었다.

이 사례는 2008년 저자의 대학 강의 중 제시했던 조별 과제라고 서두에서 얘기했다. 그런데 이 과제와 관련하여 저자는 다음에 발췌된 기사를 보고 뿌듯했었던 기억이 있었다. 2011년 IQ의 변화에 대한 런던대의 연구결과가 3년 전의 우리 학부생들의 브레인스토밍 결과와 그대로 일치하였던 것이다. 다음 쪽에 관련 기사를 발췌하여 인용한다.

동아사이언스

IQ 평생 안 변한다고? 'NO'

"우리 애는 지능지수(IQ)는 좋은데 공부를 안 해요. 노력만 하면 성적이 올라갈텐데."

교사들은 성적 때문에 상담하러 온 학부모들이 대체로 이 같은 말을 한다고 전한다. 교육열이 높은 우리나라 부모들은 이처럼 자녀의 IQ에 민감하다. IQ는 변하지 않는 것이며 학교 성적, 대학 선택, 심지어는 직업에까지 영향을 미친다고 생각한다.

평생 달라지지 않는다고 알려져온 IQ가 변하는 것으로 최근 연구에서 밝혀졌다. 영국 과학 주간지 〈네이처〉는 2011년 10월 "영국 런

한국경제

런던大 연구팀 청소년 33명 측정
교육 환경에 따라 최대 23점 올라가
청소년기 환경요인 큰 영향

던대학 연구진이 10대 청소년들의 IQ가 큰 폭으로 변할 수 있다는 연구 결과를 발표했다."고 보도했다.

캐시 프라이스 교수가 이끄는 런던대학 연구진은 1차로 2004년 12~16세 청소년 33명을 대상으로 자기공명영상(MRI) 장치를 이용해 IQ 테스트를 실시했다. 언어성 IQ와 동작성 IQ를 따로 측정하여 언어능력과 공간추리능력, 판단력 등을 검사하였다.

4년이 지난 2008년에 똑같은 대상과 방법으로 2차 테스트를 했다. 그 결과 실험 대상자의 39%는 언어성 IQ가, 21%는 비언어성 IQ가 달라졌다. 그 중 한 명은 IQ가 23포인트나 뛰어올라 가장 큰 폭으로 변했다.

이 같은 결과에 대해 로버트 스텐버그 오클라호마주립대 교수는 "지적 능력이 향상될 수도 있고 떨어질 수도 있다는 것을 알려준다."며 "계속 노력하는 사람은 IQ가 올라가겠지만 게으름을 피우는 사람은 그 대가를 치르게 될 것"이라고 지적했다.

> 프라이스 교수는 "이들의 지능은 계속 발달하는 중"이라며 "그 원인에 대해서는 좀 더 분석이 필요하겠지만, IQ는 고정적인 게 아니어서 교육이나 성장 등 환경적인 요인에 의해 짧은 기간에도 크게 달라질 수 있다."고 설명했다. 또한 "이 같은 결과로 보면 성인에게도 같은 상황이 일어날 수도 있을 것"이라고 설명했다.

인용: 김희경 기자, 한국경제신문, 2011년 10월 22일
원호섭 동아사이언스 기자, 동아일보, 2011년 10월 21일

Part. II

창의적 문제해결의 여러 가지 방법론

Chapter. 05

CTQ 분석

Critical To Quality

Qu

lity

Function

CTQ의 분석

CTQ[Critical To Quality]는 고객이 가장 중요하다고 생각하는 품질, 특성, 기능 등을 의미하며, 고객이 품질을 결정하는 핵심적인 평가항목이다. 즉 고객감동이다. Kano's diagram에 의하면 다음 그림과 같이 나타낸다.

그림의 가로축 Physically Fulfilled Condition[충분]은 지속하는 상태를 나타내고, 세로축 Satisfied Feeling[만족]은 고객만족으로서 고객이 만족하는 품질을 나타낸다.

여기서, **당연품질**[Must-be Quality]은 고객이 구매하여 사용 시 당연한 것으로 인식하는 품질이다. 따라서 이 품질은 고객이 요구하는 요구품질이라고도 할 수 있다. **감동품질**[Delighter Quality]은 고객이 감동하는 새로운 품질로 잠재적인 요구를 만족시키는 품질이다. 이를 매력품질이라고도 한다.

좀 더 세분화해서 고객요구에 따른 품질과 기능을 연계하여 전개해보면 더욱 명확히 알 수가 있다. 이것을 **QFD**[Quality Function Deployment, 품질기능전개]라 한다. 품질과 기능은 주요한 설계 변수이며, 이는 소비자의 요구에 따라 반영되어야만 한다.

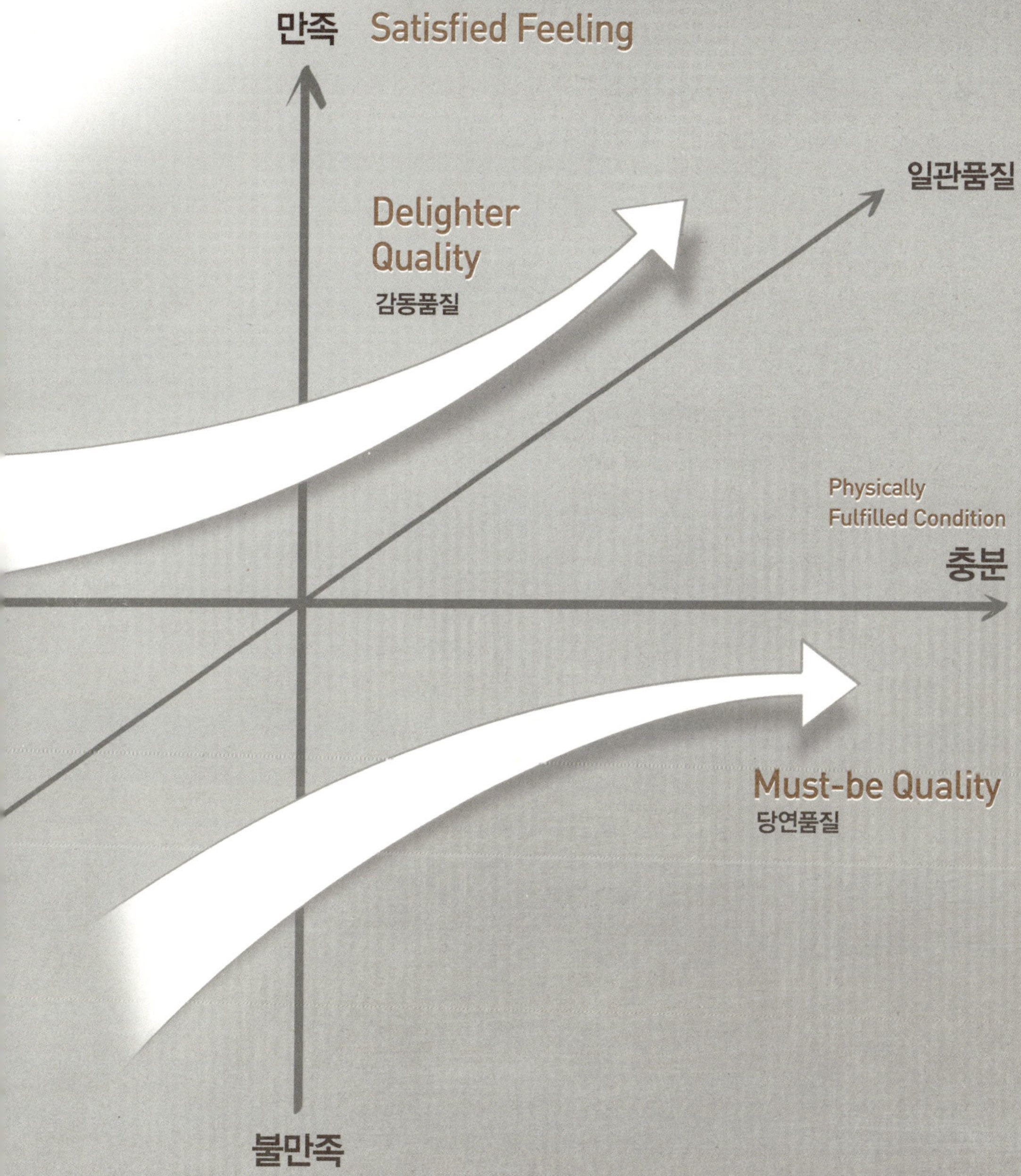
만족 Satisfied Feeling
일관품질
Delighter
Quality
감동품질
Physically
Fulfilled Condition
충분
Must-be Quality
당연품질
불만족

I. 노트북 컴퓨터의 CTQ 즉, 당연품질과 매력품질은 무엇인가?

예를 들어, 노트북 컴퓨터Notebook Computer에 대한 CTQ, 즉 당연품질과 매력품질은 무엇인가 살펴보자. 당연품질 즉, 요구품질은 다음과 같다. 당연품질을 못 지키면 당장 소비자의 클레임이 온다. 노트북의 용도는 당연히 가볍고 휴대하기 편해야 한다. 그 외의 품질(기능)을 QFD품질기능전개로 전개해보면,

휴대하기 편해야 한다.	가벼워야 한다.	배터리 용량이 커야한다.	오래 사용해야 한다.

디스플레이가 밝아야 한다.	해상도가 좋아야 한다.	가격이 싸야 한다.
디자인이 좋아야 한다.	충격에 강해야 한다. 즉 떨어 뜨려도 잘 깨지지 않아야 한다.	A/S가 잘 되어야 한다. 등

그러면 소비자(고객)의 입장에서 매력품질에는 어떠한 것이 있을까?

매력품질이 될 수 있는 기능을 QFD로 전개해보면,

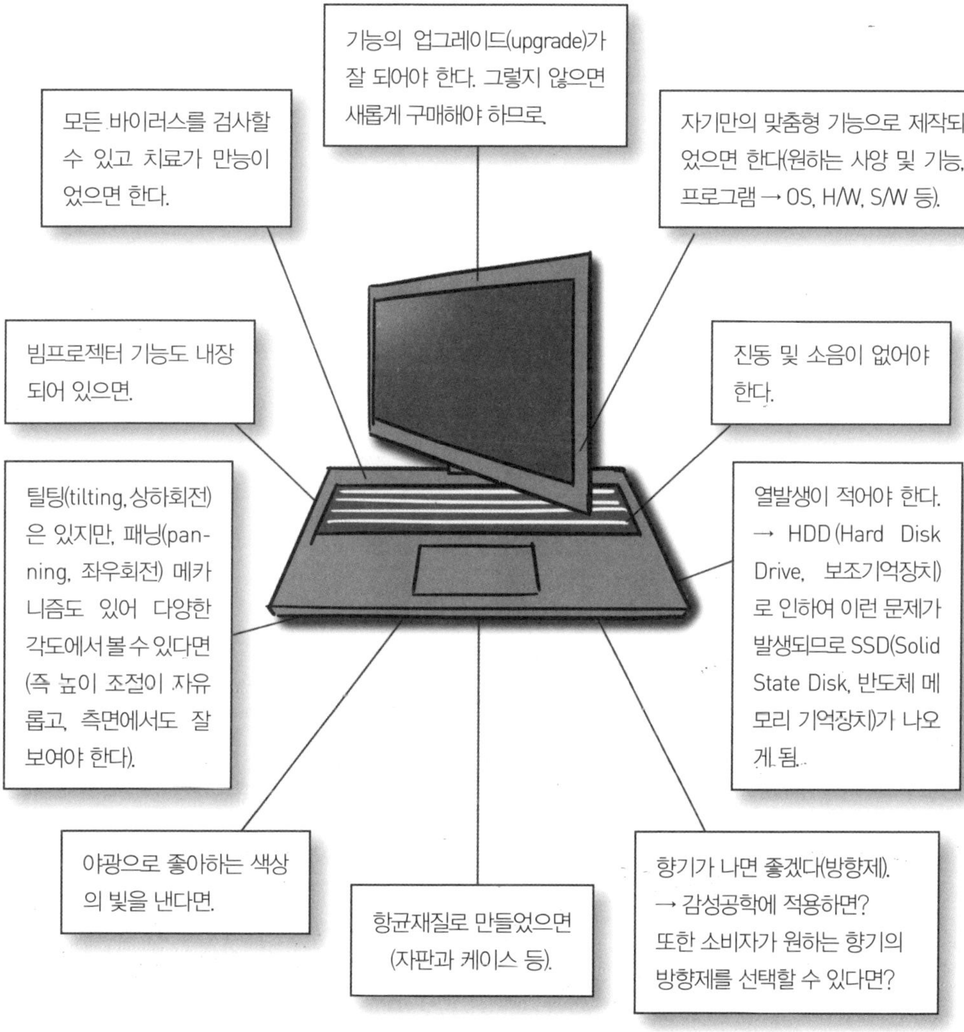

II. 연필의 CTQ 즉 당연품질과 매력품질은 무엇인가?

또 다른 예를 살펴보자.

연필의 CTQ 즉, 당연품질과 매력품질은 무엇인가?

당연품질은 글씨를 쓰는 용도이므로 잘 써지는 것이다.

그렇다면 매력품질은 무엇인가?

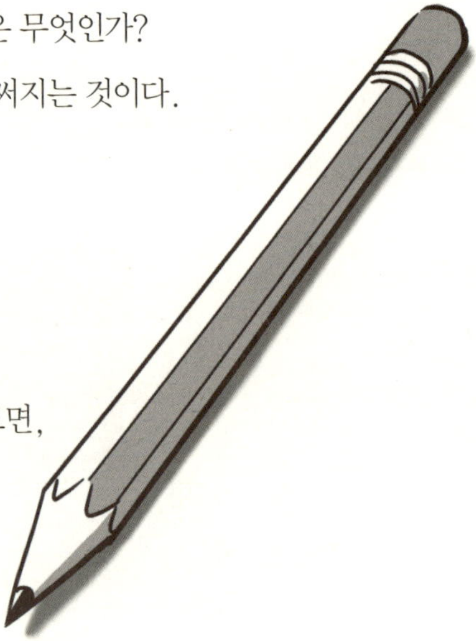

당연품질

글씨를 쓴다.

그 외의 기능을 QFD품질기능전개로 전개해보면,

지울 수 있어야 한다.
잡기 쉬워야 한다.
깎기 쉬워야 한다.
떨어뜨려도 잘 부러지지 않아야 한다.
휴대하기 편해야 한다.
좋은 향기가 나야 한다.
디자인이 예뻐야 한다.
오래 쓸 수 있어야 한다.
가격이 싸야 한다. 등

매력품질

여기서 매력품질은 무엇이며,
이 외에 어떠한 것이 있는가?

항균재질이어야 한다.
연필심이 잘 안묻어났으면 좋겠다.
야광색이어서 밤중에도 빛이 났으면 좋겠다.
연필 끝에 달린 지우개가 계속 보충되었으면 한다.
여러 재질에도 잘 써졌으면 좋겠다.
잘 닳지 않았으면 한다. 등

III. 날개 없는 선풍기

더운 여름에 없어서는 안되는 전통적인 날개 달린 선풍기를 QFD 기법으로 분석해보자. 고객감동을 일으키는 매력품질로서 날개 없는 선풍기가 있었으면 하는 필요성은 당연히 요구된다. 이를 해결하여 고객감동을 일으킨 제품이 영국의 다이슨 회사가 개발한 '에어 멀티 플라이어air multiplier' 라는 날개 없는 선풍기이다. 다음 신문기사를 통하여서도 우리는 그 창의적이며, 혁신적인 가치를 확인할 수 있다.

탄생 130년 만의 '진화'… 선풍기, 날개를 버렸다

올여름 무더위가 기승을 부리면서 선풍기가 애용됐다. 전력 소비가 에어컨의 30분의 1에 지나지 않아 경제적이기 때문이다. 1882년 토머스 에디슨은 전기 모터로 날개를 돌려 바람을 불어내는 선풍기를 발명했다. 스위치만 켜면 더위를 식혀주어 편리했지만, 날개가 그대로 노출되어 있어 아주 위험했다. 1909년 독일 가전회사 AEG의 디자인 책임자 피터 베렌스는 날개에 철사 보호망을 씌워 안진성을 높였다. 그 이후 100여 년간 날개를 돌려 바람을 보내는 방식에는 거의 변화가 없었다.

2005년 영국 가전회사 다이슨Dyson의 회장인 제임스 다이슨 경은 '날개 없는 선풍기'라는 기발한 착상을 했다. 산업디자이너 출신인 다이슨 경은 1990년대에 이미 먼지봉투가 필요 없는 진공청소기를 발명하여 억만장자가 된 경험을 살려 새로운 선풍기 개발에 몰두했다.

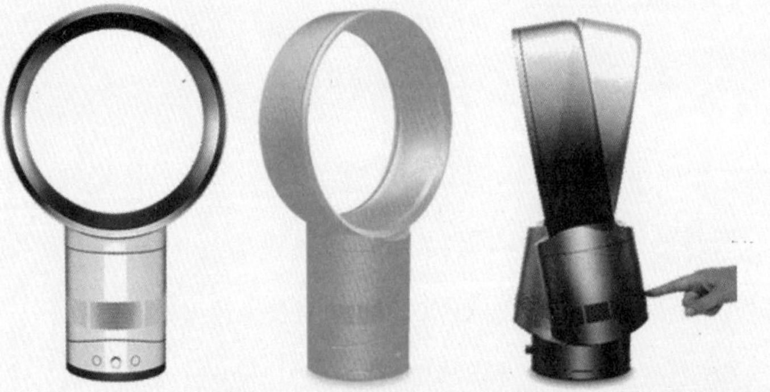

에어 멀티 플라이어 **제임스 다이슨 경이 디자인(2009년)한 날개 없는 선풍기. 대형모델 무게 1.82kg, 크기 547 x 356 x 152mm**

2009년 10월, 다이슨은 ‘에어 멀티 플라이어’를 출시했다. 이 제품은 모터가 돌면서 빨아들인 공기를 제트기류로 만들어 일반 선풍기보다 15배나 많은 1초당 405*l*의 바람을 일정한 속도로 배출한다. 일반 선풍기에 비해 체감온도가 훨씬 낮고, 40W 모터를 사용하여 소비 전력이 낮아 경제적이다. 특히 구조가 단순하여 안전하고 청소하기 편하고, 바람의 세기 · 방향 · 각도 등을 쉽게 조절할 수 있다. 2009년 타임지가 ‘올해의 발명품’으로 선정했고, 2010년 일본 ‘굿 디자인 대상大賞’을 탄 이 제품은 329달러라는 높은 가격에도 날개 돋친 듯 팔렸다. 하지만 중국산 짝퉁 등 싸구려 모방 제품들이 범람함에 따라 다이슨은 법적 대응에 부심하고 있다. 최근 우리 특허심판원은 이 제품이 국내 특허권을 획득하였으므로 권리를 보호해줘야 한다는 판결로 짝퉁 수입에 제동을 걸었다. 소중한 지식자산을 훔치는 ‘지적知的 해적질’을 막아야 하기 때문이다.

발췌: 정경원, 카이스트 산업디자인학과 교수, 조선일보, 2012년 8월 16일

좀 더 진도를 나아가 보자. 이러한 과학적으로 획기적인 제품인 날개 없는 선풍기를 QFD 기법을 사용하여 분석해보면, 과연 품질적으로나 기능적으로 개선할 점은 없는 것인가? 130년 만에 날개를 없앤 '날개 없는 선풍기'도 개선의 여지는 있다. 그것은 바로 유체역학의 기본법칙 중 하나로 1738년 스위스의 수학자 베르누이Bernoulli가 발표한 베르누이 원리(유체나 공기의 속도가 빠른 곳에서는 압력이 낮아지고, 속도가 느린 곳에서는 압력이 높아진다)를 활용한 날개 없는 선풍기의 중간부분에서는 바람이 약하다는 것이다. 이를 개선하면 현재의 날개 없는 선풍기보다도 더욱 진화된 새로운 혁신적 제품이 창출 가능할 것이다. 이것이 바로 창의성이며, 이를 토대로 하여 기술의 진전도 지속적으로 이루어진다고 하겠다.

위에서 언급한 바와 같이 문제를 정의하고 분석함으로써 지향하는 이상적인 목표 즉, 이상성을 추구하기 위해서는 발생되는 문제에 대한 이상적인 해결책이 반드시 필요하다.

그러면 창의적이며 혁신적인 제품이라고 일컫는 '날개 없는 선풍기'에 대한 CTQ를 앞의 노트북 컴퓨터와 연필의 사례와 같이 독자들 각자가 생각해보자.

이상해결책 IFR: Ideal Final Result

이상성[ideality]은 유용한 기능[useful function]들의 합을 유해한 기능[harmful function]들의 합으로 나눈 값이라고 정의한다. 모든 시스템과 제품은 유용한 결과와 유해한 결과를 동시에 유발시키는 기능들을 수행한다. 여기서 언급하는 유용한 기능이란 시스템 또는 제품에서 원하는 모든 유효기능(예를 들면, 품질 향상, 성능 우수, 가격 경쟁력 등)을 말한다. 반면에 유해한 기능이란 시스템 또는 제품에서 투입되는 소모적인 비용 상승, 부대 설비의 추가, 각종 환경적 공해(소음, 진동, 유해 물질 배출 등), 에너지의 소모와 같은 시스템 또는 제품이 유발시키는 비효율적이며 원하지 않는 결과를 의미한다. 서로 이율배반적인 이런 개념을 바탕으로 이상성을 정의하면 다음과 같은 공식이 된다.

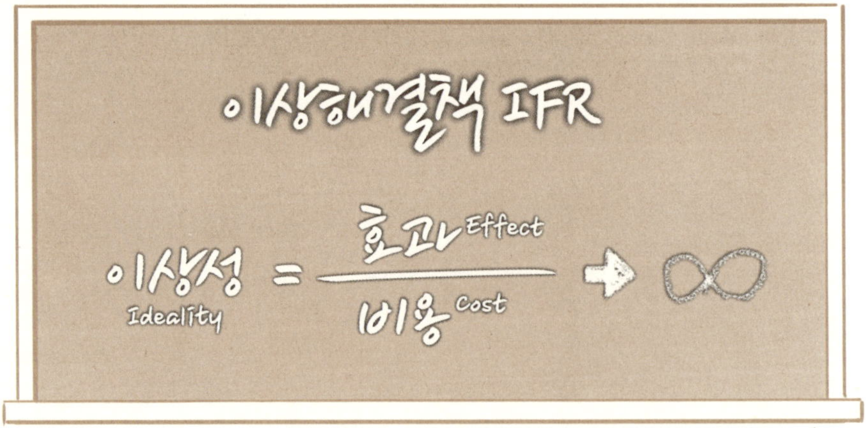

이상성이 추구하는 목표는 원하는 시스템, 제품의 유효기능을 최대화하면서 원하지 않는 유해기능을 최소화하는 것이다. 위의 공식을 살펴보면 분자의 유효기능의 합을 무한대(∞)로 증가시키거나, 분모의 유해기능의 합을 0으로 감소시킴으로써 이상성의 극대값을 달성할 수가 있다. 바로 이상성의 극대값이 이상성의 달성이자 이상적인 최종결과가 된다.

이상해결책IFR, Ideal Final Result은 문제에 대한 기존의 고정관념을 벗어나는 문제 해결책의 방향을 알려주는 좋은 방법론이다. 문제를 가장 이상적으로 해결하는 획기적인 사고 과정을 의미한다. 특히, 복잡한 문제의 해결에 IFR을 적용하면 고정관념으로부터 오는 장벽을 쉽게 해결할 수가 있다.

6단계
5단계
4단계
3단계

Chapter. 06

창의적 문제해결의 6단계 방법론

6 Step Methodology

Problem

창의적 문제해결의 6단계 방법론 6 Step Methodology

문제?

문제란 무엇인가? 문제의 정의를 해보기로 하자.

Problem?

현재 존재하는 것과 앞으로 존재하기를 바라는 것과의 차이gap에서 발생되는 것이다.

- 여기서 언급하는 '앞으로 존재하기를 바라는 것'은 이상적인 목표ideal target로 언급한 이상성ideality을 추구하는 것을 의미하는 것으로 올바른 해결책을 통하여 현재 상태보다 개선된 상태로의 변화가 요구되는 상황이다.

- 여기서 언급하는 '개선된 상태로의 변화'란 누구나 할 수 있는 일반적인 개선improvement이나 수정modification, 보완complement이라기보다는 근본적인 문제해결을 통하여 창의적으로 혁신*innovation을 이루고, 새롭게 창조**creation해 나가는 변화change를 의미한다. 이를 위해서는 고정관념paradigm의 파괴나 역발상reverse thinking 등 전향적이며 유연성 있는 사고의 전환이 필요하다.

공학적이나 비공학적으로 적용되는 제품개발, 생산, 서비스, 마케팅, 경영, 비즈니스 모델의 발굴 등 모든 분야에서의 문제해결은 문제가 존재한다는 것을 인식하고 그 실체를 정확히 파악하여 정의하는 문제정의로부터 시작된다.

모든 문제의 해결은 창의적 문제해결 과정process을 통하여 이루어진다.

모든 분야에 있어서의 창의적 문제해결은?

- '문제 정의 / 아이디어 창출 / 아이디어 분석 · 평가 / 아이디어 판단 / 아이디어 실행'의 순서에 따라 해법을 찾고 실행하는 일련의 과정을 반복하면서 최적의 해결책을 얻는 것이다.

* 혁신(innovation): 기존(전통적이거나 고전적인) 것과는 다른 것, 다른 방식으로 획기적인 개선을 의미한다.

** 창조(creation): 지금(now)까지 없었던 새로운(new) 것을 만들어 내는 것을 의미한다.

- 문제를 해결하는 최적의 해결책을 얻는 '창의적 문제 해결 방법론'은 다음과 같은 6단계의 과정을 실행하도록 한다. 이 과정을 플랫폼platform, 기본구조, 기준모델으로 삼아 모든 분야의 문제해결에 있어서 최적의 해를 얻기 바란다.

창의적 문제해결의 6단계 과정

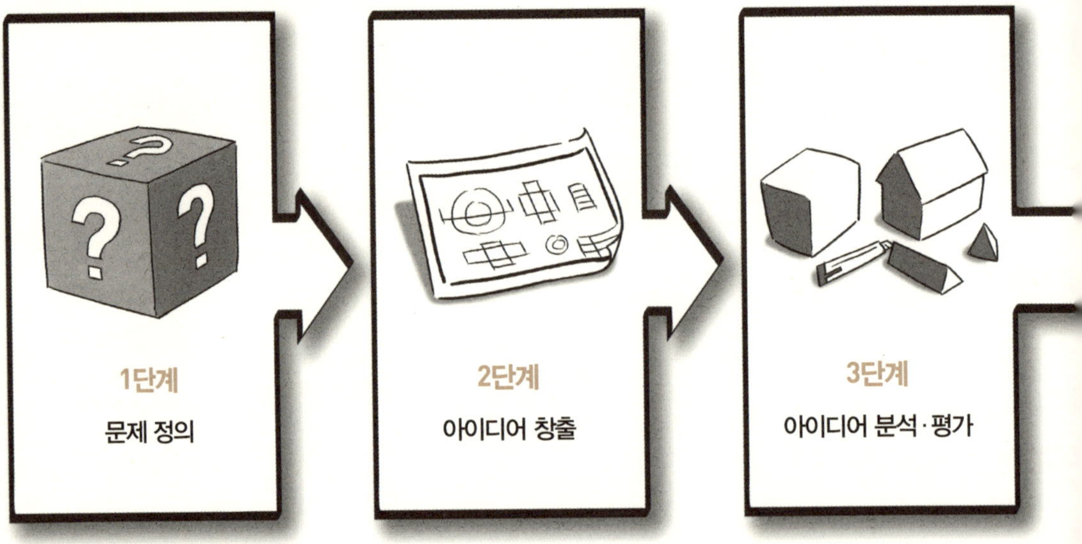

창의적으로 문제를 해결하기 위한 6단계 프로세스를 수행하기 위해서는 각 단계마다 체계적이며 구체적인 내용으로 각 단계를 실행한다.

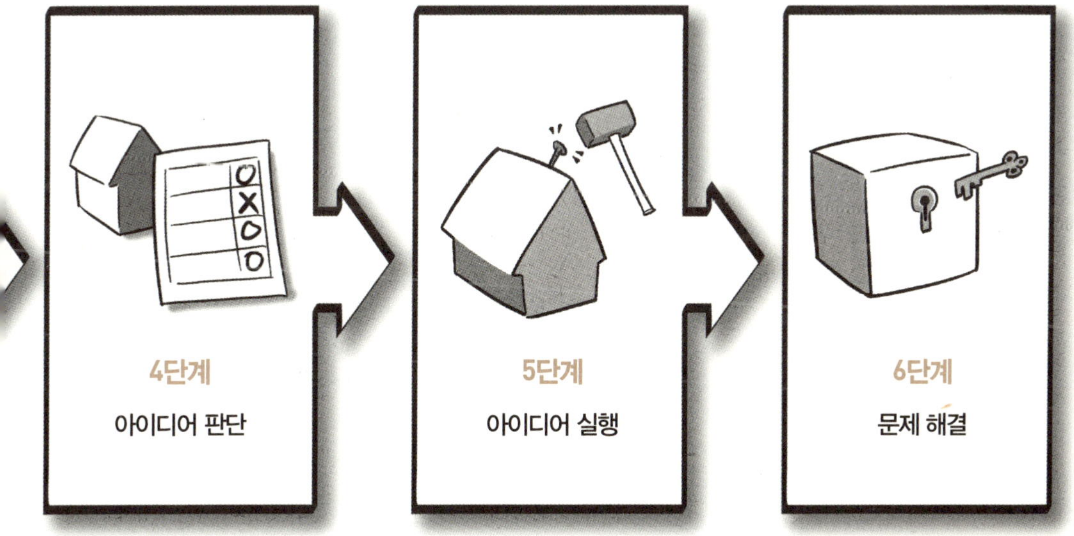

Step단계 1. 문제 정의

Step 1-1. 문제를 정의하라

해결과정을 향상시킬 수 있는 적절한 모든 자료를 수집하고 분석한다.

문제의 정의는 해결과정에서 아주 중요한 단계이다.
문제가 정확하게 정의되어 있지 않으면 해결방법이 부적절하여 많은 시간과 자원이 낭비된다.

제품의 설계사양을 만들어 본다.
설계사양은 기술적 또는 비기술적 요구조건을 모두 포함하여야 한다.

제품의 특징이 되는 변수의 상대적인 중요성을 결정한다.

각 분야에서 발생되는 문제가 무엇인지를 정확히 파악한다.

Step 1-2. 문제의 영역을 정립하라

- 시장을 조사하고 고객의 요구needs를 파악한다. 현장의 목소리인 고객으로부터 문제가 제기되는 것이다.
- 만들어질 제품의 특성을 확인한다(디자인, 기능, 가격 등).
- 주요 경쟁사들의 제품, 서비스, 경영전략 등을 벤치마킹bench marking한다.
- 제품에 영향을 주는 법규, 인증, 산업표준 및 환경규제 같은 제한조건을 고려한다.

Step단계 2. 아이디어(개념설계안)를 창출하라

창출된 아이디어의 윤곽을 갖추기 위해서는 말보다는 스케치, 그림, 도면, 도식화 등으로 어느 정도 구체적인 개념화(개념설계안)가 이루어져야 한다.

개념화는 새로운 아이디어에 대한 구체적인 모형화modeling이므로, 창의성과 밀접한 관계가 있다.

브레인스토밍brainstorming, 특허문헌의 검색, 논문검색, 자료검색, 지식검색, 표준 설계 구성요소들을 담고 있는 참고서 검토 및 생체모방적biomimetic 접근방식 등에 의하여 개념설계안이 이루어질 수가 있다.

→ 생체모방적 접근방식은 생물체의 시스템이나 오묘한 반응계 등을 모방하여 새롭고 효율적인 시스템을 만들어 내는 방식이다. 과학기술을 활용함으로써, 생물학적 시스템과 공학 시스템 사이의 유사성을 기초로 하여 생물체에서 작동되고 있는 생물학적 시스템을 모방하고 이를 응용하여 공학적 문제를 해결하는 것이다.

→ 생체모방적 접근방식에 의한 개념설계를 통하여 일본 도요타는 히말라야를 넘는 두루미를 연구해 차체 무게를 줄였고, 나비의 원리를 보고 차량용 내비게이션을 개발했다.

다음 사례는 딱정벌레의 생체모방적 접근방식으로 창의적인 아이디어를 발상해 사람 피부에 맞먹는 고감도 촉감센서를 개발한 내용이다.

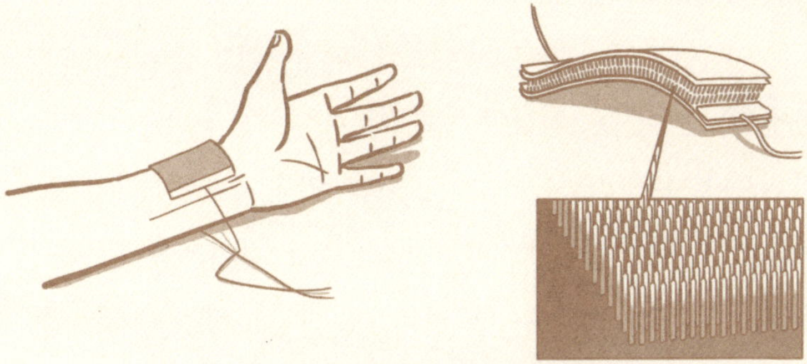

그림 사람 피부에 맞먹는 고감도 촉감센서

무당벌레 기어가는 느낌까지 감지

인간 피부 맞먹는 촉감센서 개발

사람 피부처럼 당기고 비트는 자극을 구분할 수 있는 촉감觸感 센서를 국내 연구진이 개발했다. 이 센서는 로봇이나 의료용 기기 등에 폭넓게 쓰일 것으로 기대된다.

서울대 기계항공공학부 서갑양 교수와 방창현 박사는 6일 "피부로 느낄 수 있는 작은 힘의 200분의 1까지 감지하는 촉감센서를 개발했다."며 "센서는 표면에 작은 물방울이 부딪혔다 튀거나 작은 무당벌레가 기어가는 느낌까지 알아낸다."고 밝혔다.

기존 촉감 센서는 자극의 세기만 알아내지만, 이 센서는 사람 피부처럼 위에서 누르거나 옆에서 당기고 비트는 3가지를 모두 구분할 수 있는 것이 특징이다. 연구결과는 지난달 29일자 '네이처 머티리얼즈' 인터넷판에 실렸다.

아이디어는 딱정벌레에서 나왔다. 딱정벌레가 날개를 접으면 표면에 나있는 미세微細 털들이 서로 맞물려 옆에서 잡아당겨도 떨어지지 않는다. 전기적으로 중성인 분자들이 아주 가까운 거리에 있을 때 서로를 잡아당기는 힘이 작용하기 때문이다. 센서는 잘 휘는 고분자 막에 굵기가 머리카락의 1000분의 1인 미세한 털이 촘촘히 나있는 모양이다. 딱정벌레가 날개를 접은 것처럼 두 고분자 막을 붙이면 그 사이 미세 털들이 맞물린다. 털 표면은 전기가 흐르는 금속으로 코팅했다. 고분자 막에 가해지는 자극에 따라 맞물린 털의 모양이 바뀌면 전기 흐름도 달라져 자극의 종류를 구분할 수 있다. 연구진은 촉감 센서를 팔목에 붙여 맥박을 재는 데 성공했다. 의료기기 업체와 심장 모니터 센서로 개발하기 위한 논의도 진행 중이다.

발췌: 이영완 기자, 조선일보, 2012년 8월 7일

Step단계 3. 아이디어(개념설계안)를 분석하고 평가하라

아이디어에 대한 구체적인 모형화modeling인 개념설계안을 분석하고 평가해야 한다.

개념설계안을 분석하고 평가하는데 있어서 비용과 성능의 개략적인 예측을 하기 위하여 수학적인 모델과 해석이 주로 사용되고 있다.

개념설계안을 설계사양의 초기 기준과 비교해야만 한다.

가장 좋은 설계안이 될 때까지 다양한 여러 가지 개념설계안이 더 개선되어져야만 한다.

아무리 제품설계 및 공정, 제조 서비스가 뛰어나더라도 나중에는 창출된 개념설계안을 수정하기가 어렵기 때문에 개념설계안에 대한 철저한 분석 및 평가가 중요하다.

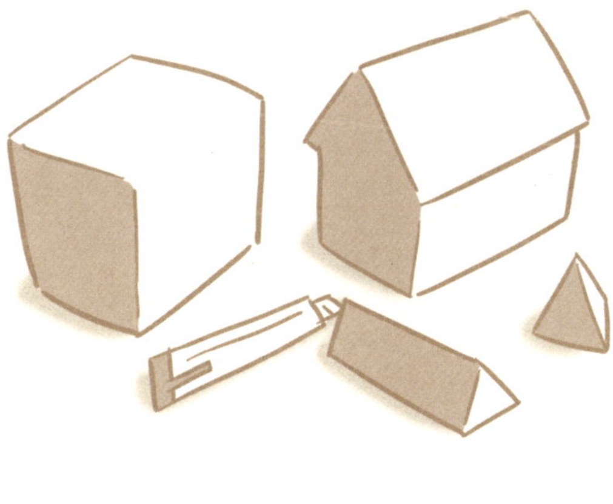

Step단계 4. 아이디어를 판단하라

모형화된 개념설계안을 구체적으로 분석하고 평가한 후에 개선, 제품개발, 서비스, 신사업의 발굴 및 사업화를 위해서는 반드시 구체화된 아이디어를 다음의 표와 같이 판단해야만 한다.

계획의 적정성	기술성	시장성	상용화 가능성
사업화 목표의 명확성 사업화 추진 전략의 적정성 인력 및 예산 등의 적정성	기술의 완성도, 우수성, 융합성 기술의 차별성, 독창성	시장규모(국내외) 예상 매출액 시장 경쟁력	상용화 의지 및 역량 상용화 전략의 합리성 상용화의 완성도 상용화 시점

이 밖에도 선행기술조사, 특허출원 및 권리의 확보, 철저한 기술성 분석 및 기술가치의 평가, 시장성 분석에 대한 자료를 갖추어야 한다. 생산성 향상을 위해서는 일반적으로 Q[Quality, 품질향상], C[Cost, 원가절감], D[Delivery, 개발기간 단축 또는 납기 단축]의 효율성 제고를 위하여 공정개선의 여러 기법들(실험계획법, 다구찌, DFSS[Design For Six Sigma], 6σ 등)을 활용하면 좋다.

Step단계 5. 아이디어를 실행하라

아이디어를 실행하는 단계로 즉, 조치이다. 현장에서 공정을 개선하거나, 새로운 제품을 개발하거나, 창의적인 서비스 활동을 한다거나 직접 비즈니스 모델에 대한 사업을 행하는 것을 의미한다. 공학적인 제품설계를 개발하고자 할 때는 다음을 고려해야만 한다.

제품설계는 재품생산의 기초가 되므로, 생산이 시작되기 전에 대부분의 제품에 대해서 시제품prototype을 만들어 시험해야만 한다.

제품속성과 제조공정 속성 사이의 상호과정을 주의 깊게 고려하여 효율적인 생산에 관한 계획을 세워야 한다. 이를 **제조고려설계**design for manufacture라고 한다.

Step단계 6. 문제를 해결하라

현장에서 나타나는 문제해결을 위해 실제 사이즈의 시제품을 만들어 현장시험을 한다. 그래야만 성능(동작) 테스트를 통하여 아이디어에 대한 기술 구현을 검증할 수가 있으며, 궁극적으로 문제를 해결하는 것이다. 다음은 종이 비행기의 예를 들어 창의적 문제해결 6단계 방법론의 프로세스를 그림으로 보여주고 있다.

종이비행기의 설계 Brian S. Thompson, 1997

개념 설계안

Step 1. 문제 정의
Step 2. 아이디어 창출

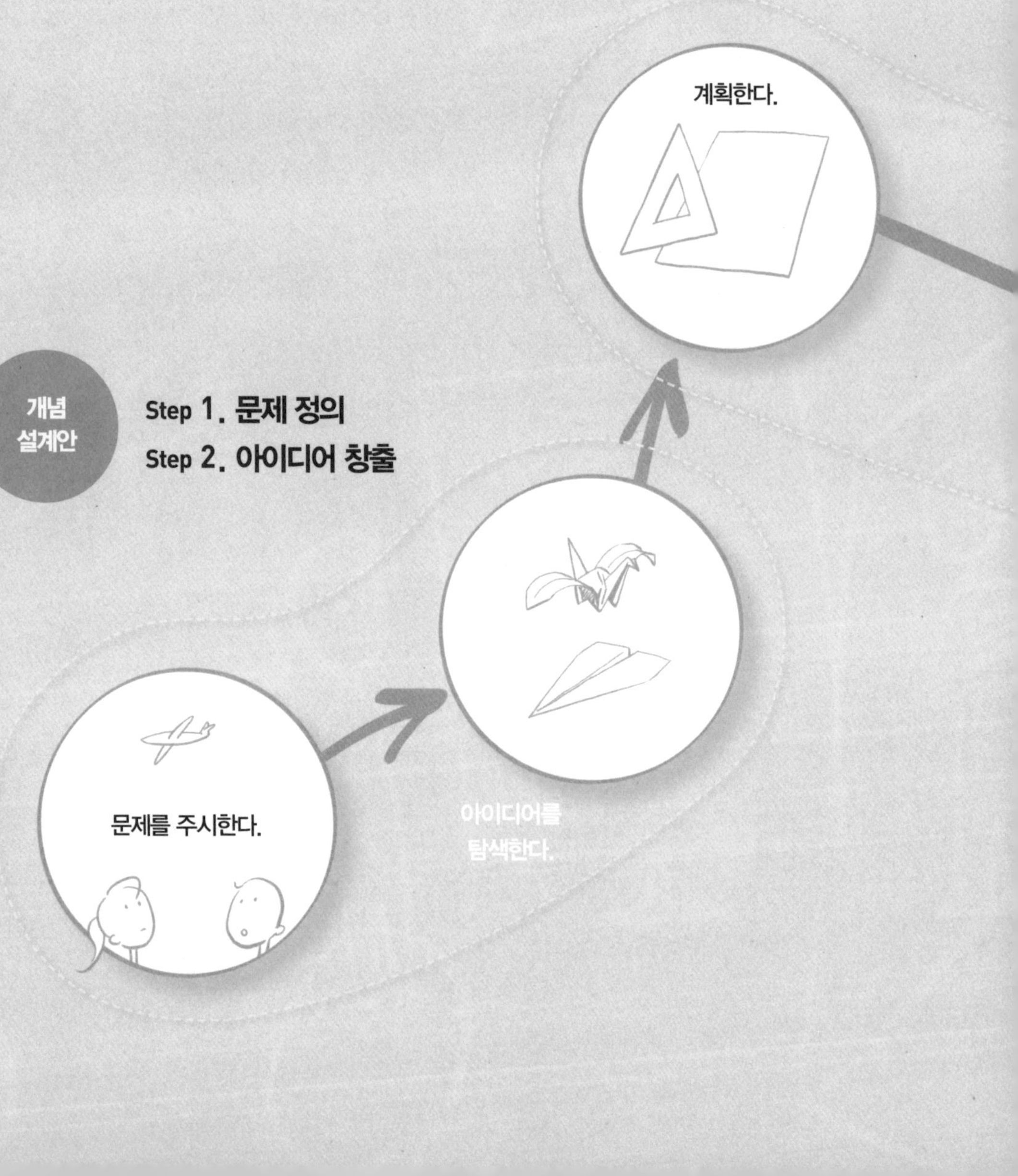

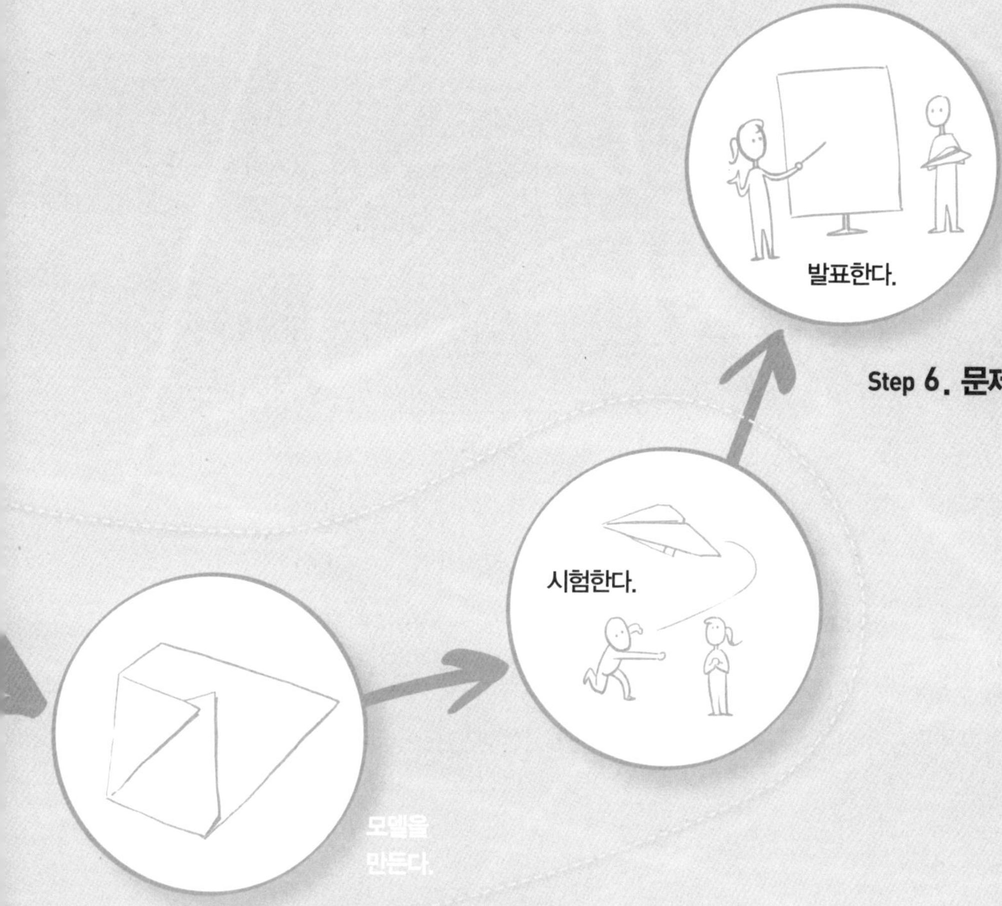

제품 설계

Step 3. 아이디어 분석 · 평가
Step 4. 아이디어 판단
Step 5. 아이디어 실행

사업화(기술·비기술)를 위한 이상적인 프로세스

기술분야(공학)든 비기술분야(비공학)에 있어서든 사업화를 위해서 즉, 상품을 기획하고 개발하거나 제조 등을 통하여 상용화한다든지 새로운 서비스를 창출하여 가치를 추구하기 위해서는 아래와 같은 프로세스[절차]로 수행하는 것이 가장 바람직하며 이상적이라고 권장할 수 있다. 이 프로세스는 저자가 30여년간 R&D(연구개발)와 평가, 교육, 자문, 세미나, 강연, 직접 벤처기업을 창업하여 CEO[최고 경영책임자] 활동 등의 다양하고 실제적인 직접, 간접 경험을 바탕으로 하여 제시하는 절차이다. 신제품, 신기술, 신사업(신서비스)과 더불어 참신하고 상상력이 풍부한 창의적인 아이디어를 가지고서 사업화를 준비하는 독자들에게는 상당한 도움이 되리라 확신한다.

1단계 해결안, 원리

수준이 높은 문제일수록 문제의 해결책을 다른 산업분야에서 찾아 해결

- 신제품
- 신기술
- 신사업(신서비스)
- 아이디어 사업화

- **제품**[Product]
- **논문**[Treatise, paper]
- **특허**[Patent]**: 기술**[technology]**, BM**[Business Model, 사업모델]
- **과학지식**[Scientific knowledge]
- **과학기술**[Scientific technology]

2단계 아이디어 발상(창출)

Idea Generation
(연구&개발, 실무, 교육, 훈련, 자기계발 등)

3단계 개념설계안 도출

도면 등으로 기술,
비기술의 개념 구현

공개된 지식, 기술, 제품 등을 활용하여 지금까지 없던 새로운 산출물(신제품, 신기술, 신사업, 신서비스 등)을 만들어 내는 것이 창조creation이다.

이를 구현하기 위해서 창의적 상상력과 아이디어를 발상하여 개념화 · 구체화시키고 모형화해서 인간에게 유익한 상용화* 개시commercialization initiatives에 이르는 모든 활동의 원동력이 바로 창의성creativity이다.

4단계 특허

Patent(Intellectual Property 지식재산권)
기술, 사업모델의 구체화
(기술타당성 검토)

5단계 시제품

Prototype, Working Sample
(W/S, 기능이 작동하는 시제품)
기술 구현 및 검증simulation, field test

6단계 사업화

상품/제품의 출시,
고객의 평가

그림 **개념개발 · 설계(선행개발)**Conceptual Development, Design

* 상용화(commercialization) : 상업화, 상품화, 사업화, 실용화라고도 하며, 일반적으로 통용되어 사용된다.

사례연구 Case Study

새로운 제품의 개발
미국 벤처기업 empower 사

언급한 창의적 문제 해결의 방법론을 활용하고 응용함으로써 새로운 제품을 개발하여 시장을 창출하는 데 잘 적용이 되었으면 한다. 그러면 미국 벤처기업 임파워 empower 사의 신제품 스쿠터scooter에 대한 개발 사례를 살펴보도록 하자.

제품개념의 핵심

- 개인 운송기기 시장을 목표로 하는 새로운 창의적인 개념의 제품 발굴 및 개발
- 핵심은 쉽게 접을 수 있고 운반이 가능한 전동 3륜 스쿠터

제품의 개발 프로세스

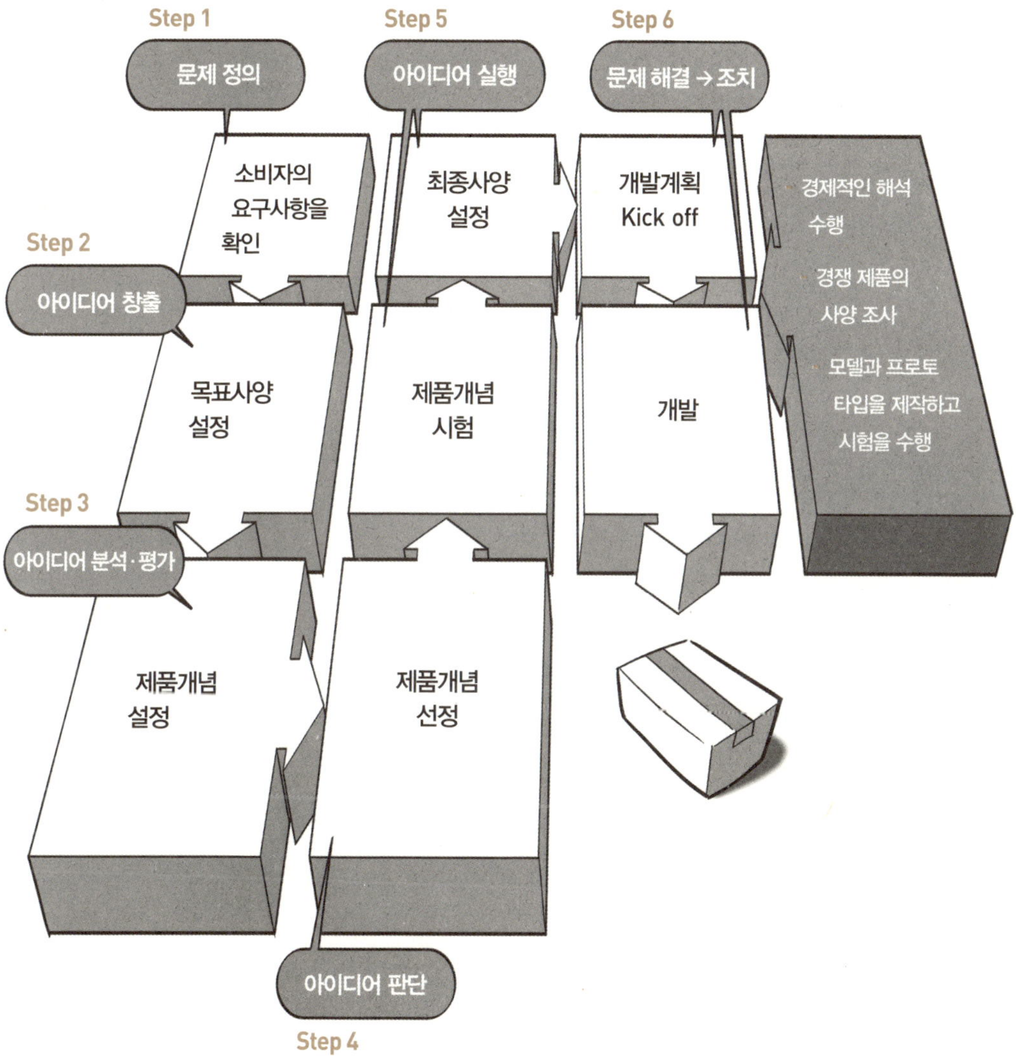
Step 1
문제 정의
Step 5
아이디어 실행
Step 6
문제 해결 → 조치
소비자의 요구사항을 확인
최종사양 설정
개발계획 Kick off
경제적인 해석 수행
경쟁 제품의 사양 조사
모델과 프로토 타입을 제작하고 시험을 수행
Step 2
아이디어 창출
목표사양 설정
제품개념 시험
개발
Step 3
아이디어 분석·평가
제품개념 설정
제품개념 선정
아이디어 판단
Step 4

개념시험의 목적

여기서는 Step 5 아이디어 실행 단계에 있어서의 제품개념 시험에 관하여 자세히 서술하고자 한다. 이 단계는 참신하게 발상된 아이디어를 구체화시키기 위해 아이디어 개념에 대한 개념의 모형화를 통하여 실제로 양산과 유사한 시제품prototype으로 제작하여 실제 환경에서의 현장시험(성능, 기능, 내구성, 신뢰성 등의 평가)을 거쳐 기술의 구현과 검증을 이루는 단계로 매우 중요하다.

이 결과 예기치 못한 문제가 발생했을 경우는 1단계 문제정의로부터 다시 반복 실행함으로써 최적의 해결책을 찾기 위해 수정 및 보완하여 이상적인 최적의 해결책을 내놓는 것이다.

1. **목표시장을 구성하는 잠재적 고객으로부터의 제품개념이 고객의 요구사항을 만족시키는지 확인한다.**
2. **제품 개념의 판매 잠재성을 평가한다.**
3. **개념을 개선시킬 고객 정보를 취합하고 반영한다.**

개념시험의 프로세스(7단계)

1단계	개념시험 목적 정의
	- 어떤 개념이 선택되어야 하는가? - 고객의 요구를 만족시키기 위한 더 좋은 개념은 어떤 것인가? - 대략 얼마나 많은 양이 팔릴 것인가? - 제품개발을 진행시켜야 하는가?

2단계	**시험 대상 고객 표본 추출(두 가지의 중요한 목표 시장 존재)** - 대학생 - 도시의 상인들
3단계	**시험방식 선정** - 직접 대면 방식(인터뷰) - 전화, 우편, 전자메일, 인터넷, SNS 등
4단계	**개념 공유** - 구두 설명/스케치/사진과 렌더링 - 스토리보드(이야기의 흐름)/비디오/시뮬레이션 - 대화형 멀티미디어(비디오+시뮬레이션의 결합) - 실물크기의 모형/실제로 작동하는 시제품(prototype)

Demo. → 개념개발에 대한 검증
Field Test현장시험 **→ 선행개발에 대한 확증**

5단계	**고객 반응측정(구매의지)** - 확실히 구입할 것이다. - 아마도 구입할 것이다. - 구입할 수도 있고 안 할 수도 있다. - 아마도 구입하지 않을 것이다. - 확실히 구입하지 않을 것이다.
6단계	**결과 해석(수요 예측 모델링)** - 대학생들에게 전기 스쿠터의 판매 - 큰 공장 내의 개인 운송수단으로의 전기스쿠터의 판매 - 구전/개념모사의 충실성/가격/판촉활동의 수준 - 실제 잠재고객으로부터의 피드백 1 시장의 전체 크기 2 제품의 접근 용이성, 인지성 3 구입하고자 하는 고객의 비율
7단계	**결과와 프로세스를 재고** 판매망 선정과 판촉 계획, 광고 상품의 매력을 증가시키기 위한 제품 디자인

4단계에서의 개념 공유에 대한 검토

구체적으로 스쿠터는

어떤 기능(성능, 규격)을 가져야 하는가?

- 제품은 아주 쉽게 접을 수 있어서 빌딩 내부로 갖고 가든지 또는 대중 교통수단에 실을 수 있는 가벼운 제품(휴대성)
- 전기(전동) 스쿠터
- 무게는 26파운드(11.7kg, 1lb=0.45kg)
- 시간 당 최고 15마일의 속도(시속 24km)
- 1회 충전으로 12마일(19.2km, 1mile=1.6km)을 주행
- 일반적인 콘센트를 사용하여 2시간 정도면 충전 가능
- 운전하기 쉬워야 한다. 가속버튼과 브레이크만을 사용하여 조작이 간단

다음은 개념 공유를 바탕으로 하여 제품의 이해를 돕기 위해 주요 특징을 그린 그림이 필요하다. 또한 특징적인 면을 설명하는 주석이 포함된다.

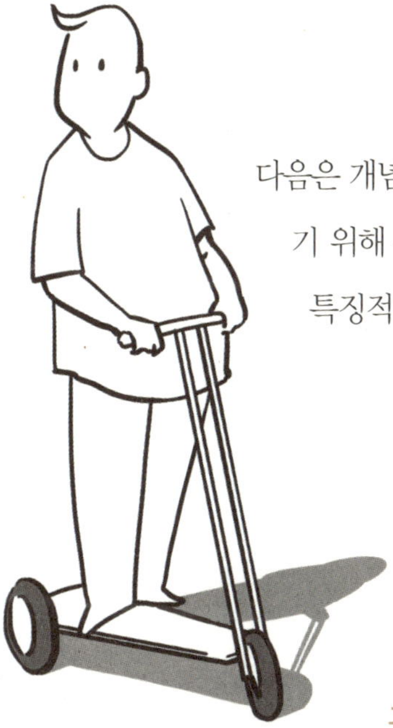

그림 스쿠터 개념 스케치

실제 모델을 실물처럼 비슷하게 그린 그림을 렌더링rendering이라고 한다. 컴퓨터의 디자인 프로그램을 활용하여 만든 스쿠터의 렌더링 예이다.

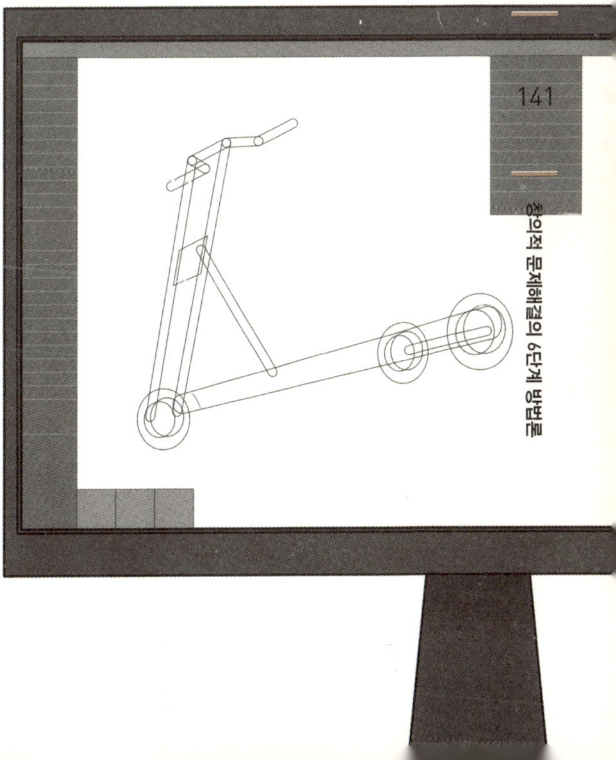

그림 스쿠터 개념 렌더링

스토리보드story board

새로운 개념의 스쿠터 제품을 구입하여 사용하는 경우에 있어서, 스쿠터의 보관과 이동이 간편하고도 편리하다는 이야기 흐름을 제공하는 스토리보드의 예이다.

스토리보드는 제품이 포함된 행동의 순간적인 이미지가 연결되어 하나의 이야기 흐름을 만들어 내는 순간적인 이미지의 묶음이기에 광고효과가 우수하다.

그림 **보관, 이동, 사용 시나리오를 표현한 스토리보드 (제품이 포함된 행동의 흐름을 표현한 이미지)**

스쿠터 개념의 실물 크기 모형

스쿠터 제품의 형태와 구조를 명확하게 보여주는 스쿠터 개념의 실물 크기 모형이다. 이를 목업mock up이라고 한다. 실물 크기의 모형은 주로 나무 또는 플라스틱으로 만들어지며, 색상도 실제 제품과 거의 비슷하게 만들어진다. 어떤 경우에는 제한된 기능이 부가되어 만들어지기도 한다. 즉, 스토리보드에서 보여주는 특징 가운데 가장 큰 특징인 접이형 기능을 강조하기 위해 스쿠터가 접히는 특징을 실제로 구현할 수 있게 제작하는 것이다.

실제 작동하는 (스쿠터 개념의) Prototype시제품, 시작품

실제 기능이 작동하는 시제품으로 된 스쿠터로 시장에 출시되기 직전의 현장시험을 통해 성능, 기능, 신뢰성, 내구성 등의 시험 검증을 확인하기 위해 필수적으로 수행되는 개발단계이다. 실제 기능이 작동하는 프로토타입prototype, 실물과 똑같은 모형 즉, 시제품(시작품) 제작은 개념시험을 평가하고 문제점 발생 시 이를 보완함으로써 양산제품으로 진행하는 데 있어서 매우 유용한 과정이다. 또한 사람과의 상호작용, 전반적인 인터페이스 효과 등을 판단할 수가 있는 개발 과정에서의 마무리 단계이다.

Chapter. 07

트리즈를 활용한 창의적 문제해결

TRIZ Thinking

TRIZ?

트리즈TRIZ를 활용한 창의적 문제해결

발명문제 해결이론인 트리즈는 창의적으로 문제를 해결하는 방법론이다. 즉, 트리즈는 문제해결에 새로운 발상을 돕는 기술의 벤치마킹 기법이자 도구인 것이다.

구소련의 겐리히 알츠슐러Genrich Altshuller는 탁월한 창의성이 소수 특정인들의 선천적 능력이 아니라며 기술 발전 역사에서 유추할 수 있는 객관적 법칙을 따라 사고함으로써 누구나 자신의 창의성을 계발할 수 있으리라 믿었다.

이러한 신념에 따라 그는 1946년부터 1963년까지의 20만 건의 러시아 특허 자료를 연구, 분류하여 혁신적인 기술 발전을 이룰 수 있는 사고방법론thinking method 및 표준해법standard solution을 얻어내었다.

여기서 알츠슐러는 여러 가지 유형의 문제 중 "최소한 하나 이상의 (기술적)모순을 가지고 있으며 아직 그 해결방법이 알려져 있지 않은 문제"를 특별히 "창의적 문제inventive problem"라고 하였고 특히 이 문제를 해결하였을 때 혁신적인 문제해결이 이루어질 수 있다고 보았다.

혁신적인 문제해결은 주어진 문제에 내재하는 근본 모순의 제거를 통해서만 얻을 수 있다고 믿은 알츠슐러는 이러한 문제를 풀어가는 방법을 "창의적 문제를 해결하는 방법론Teoriya Reshniya Izobretatelskikh Zadatch"이라 하였고 러시아 원명의 각 단어 앞글자를 따서 **TRIZ**트리즈라 부르게 되었다. 트리즈가 가지고 있는 문제해결 도구들은 그 해결책이 획기적이고 객관적이고 실증적인 특허자료를 분석하여 추출한 것이기 때문에 문제해결 및 지식기반 도구knowledge based tool로서 실증적인 객관성을 가진다.

따라서 트리즈는 다음과 같이 요약할 수 있을 것이다.

"트리즈는 주어진 문제의 가장 이상적인 결과를 얻어내는데 관건이 되는 모순을 찾아내고 이를 극복함으로써 혁신적 해결안을 얻을 수 있는 방법론이다."

트리즈는 문제해결을 위해 아래와 같은 특징을 가지며 트리즈의 다양한 도구를 사용하여 문제를 해결한다.

- **문제를 추상화하여 일반적인 문제로 변환한 후 문제를 해결한다.**
- **심리적 관성에 의한 오류에서 벗어나게 한다.**
- **달성해야 하는 요구조건 사이의 모순을 찾아내어 해결한다.**
- **가장 이상적인 해결안을 제시한다.**

러시아어 약어인 트리즈는 영어로는 TIPS(Theory of Inventive Problem Solving)라고 한다. 발명문제해결 이론으로 출발한 공학적인 문제해결의 독창적 이론인 트리즈는 개념개발 및 설계 단계에서 근본적 문제해결을 위한 효과적인 도구로 인정되어 널리 사용되고 있다. 최근에 들어서는 비공학분야에서도 창조경영을 위한 해결의 도구로 폭넓게 활용되고 있다.

트리즈의 매력은 우수한 특허를 수백만 건이나 관찰하고, 분석한 결과를 바탕으로, 당면한 문제를 개념적으로 해결한다는 데 있다. 그 결과, 상당수의 엔지니어링 문제가 모순 형태로 묘사될 수 있다는 것을 알게 되었다.

이러한 모순들은 상이한 산업들에 걸쳐 계속적으로 발생되고 있으며, 이러한 동일한 형태의 모순들은 반복적인 적용을 이용해서 자주 해결되었다.

트리즈와 기존의 문제해결 방법과의 비교

특허 분류를 통해 발명의 수준이 획기적인 개선과 신개념 수준인 20만 개의 특허들을 연구하여 논리적인 과학에 기반을 둔 트리즈는 차별화된 장점을 갖고 있다.

다음 그림은 트리즈에 의한 문제해결 구조를 도식적으로 표현한 것이다.

트리즈에 의한 문제해결의 구조

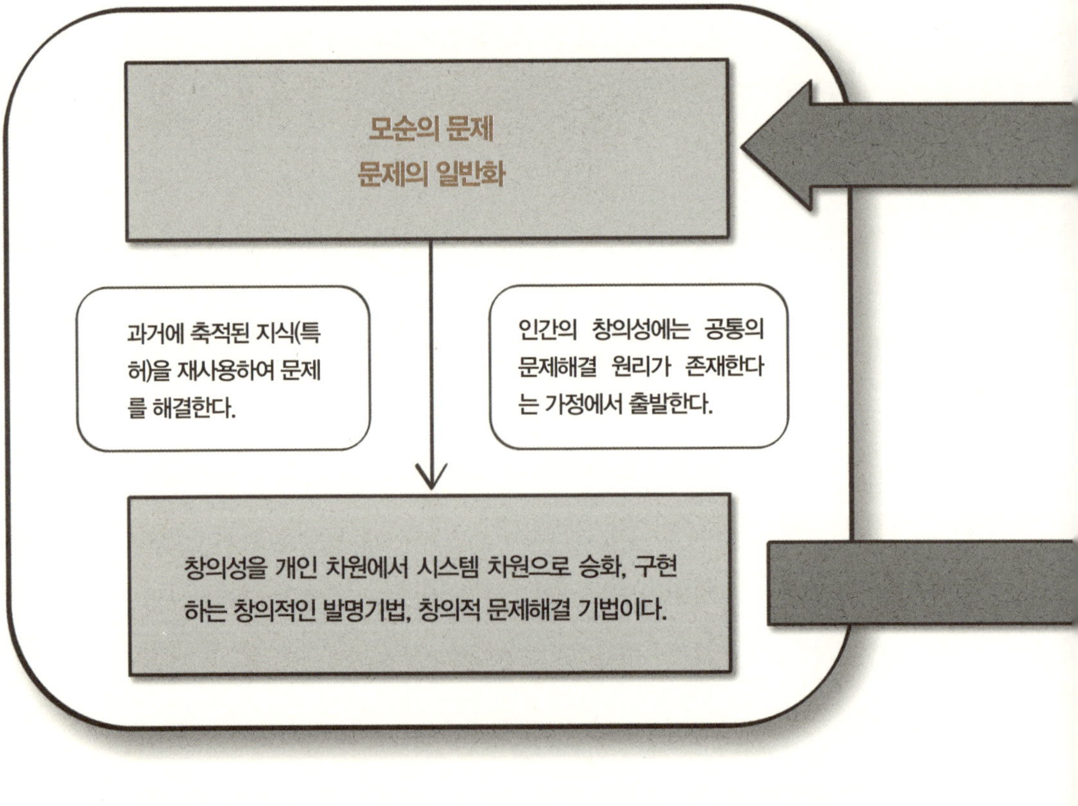

또한, 제품 및 시스템의 경우에 있어서 일반적으로 설계 및 개발 과정은 이미 프로세스가 정립되어져 있지만, 기업 및 고객의 가장 큰 니즈인 신상품 기획, 서비스, 비즈니스 분야 뿐만 아니라 개념개발단계, 즉 선행개발단계에 있어서의 창의적이며 획기적인 개념안의 창출에 트리즈의 장점이 있다.

트리즈의 적용

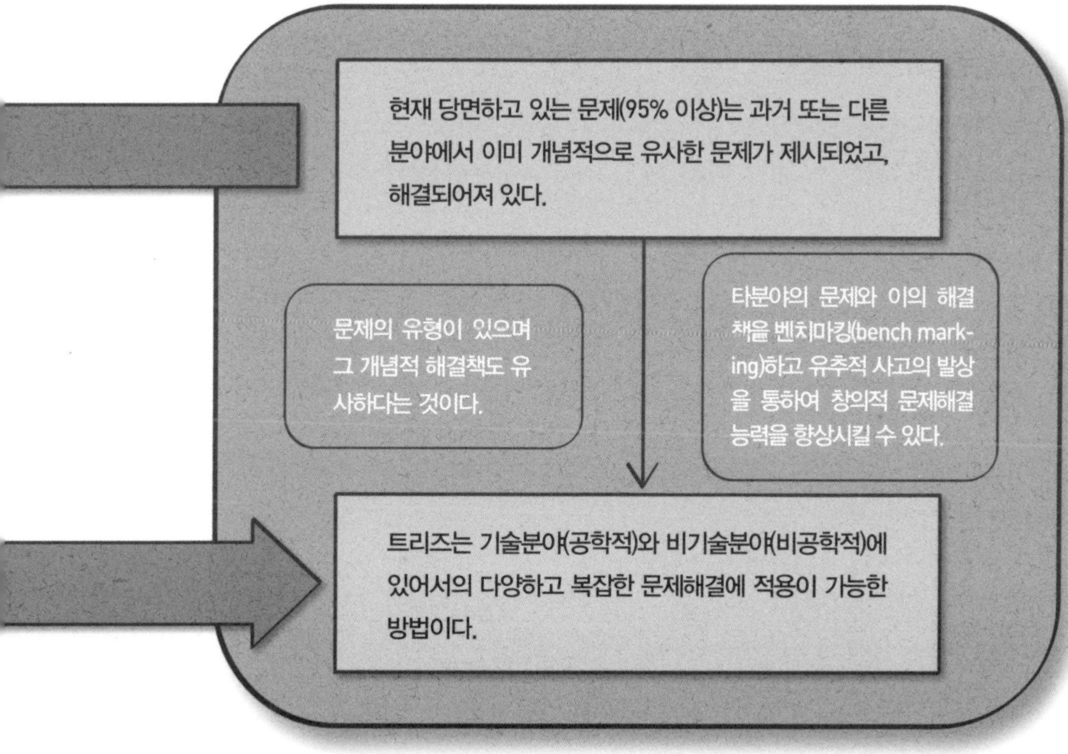

R&D에 유익한 문제해결의 도구인 트리즈

트리즈는 근본적 개선이나 혁신이 필요한 기술분야 및 비기술분야의 복잡한 문제를 해결하는 과정에 적용이 가능하다.

다음 그림은 최근 삼성그룹의 기술분야에 있어서의 창의적 개발creative development, 혁신적 개발innovative development에 적용되는 트리즈의 특징 및 장점을 보여주는 체계도이다.

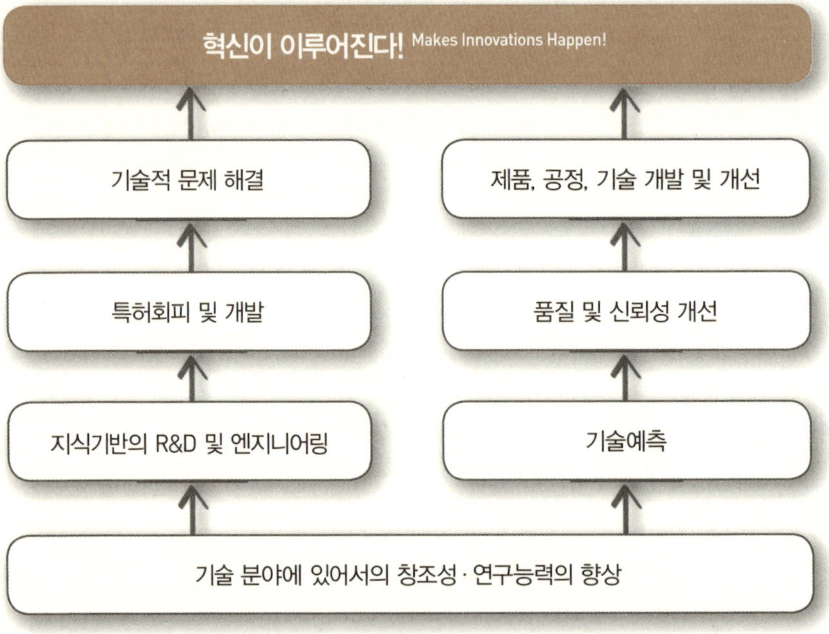

마케팅에 적용되는 트리즈

마케팅 입장에서 본 대기업의 일반적인 신제품 개발 프로세스는 다음과 같다.

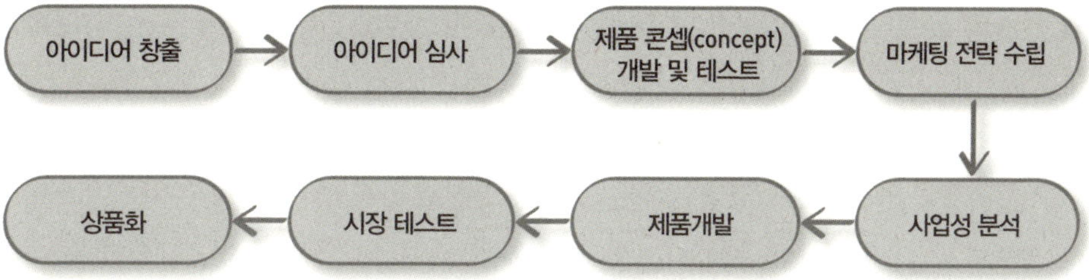

반면에, 중소기업의 실제 신제품 개발 프로세스는 여건상 주로 다음의 프로세스가 일반적인 경향이다.

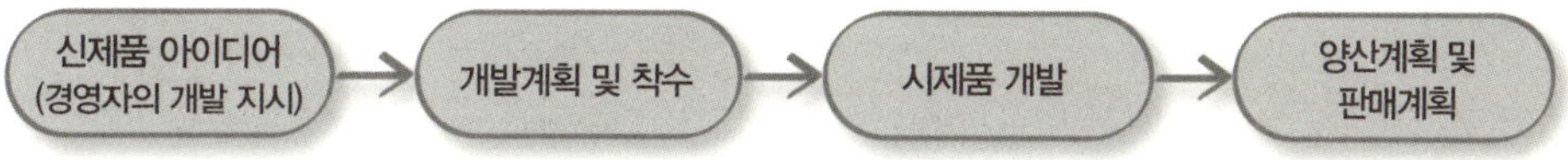

대기업과 중소기업의 신제품 개발 프로세스를 비교해보면 가장 큰 차별점은 선행개발과정이 없거나, 설령 있다고 하더라도 너무 취약하다는 것이다. 많은 중소기업들은 자사의 기술적 우수성이나 제품에 대한 과도한 확신으로 목표시장과 발 빠른 고객 니즈에 대한 철저한 분석 없이 경영자의 경험을 바탕으로 무조건 신제품 개발에 착수할 때가 많다는 것이다. 즉, 신제품 아이디어에 대한 별다른 선별screening 과정 없이 곧바로 개발에 착수하고, 시제품 완성 이후에야 비로소 양산 및 판매 계획을 세운다는 것이다. 중소기업들도 단순 개발 계획뿐 아니라 신제품 아이디어 단계에서부터 출시까지 "전체 프로세스"를 관리해야만 한다. 신제품 개발 프로세스의 단계를 정의하고 단계별 통과 요건을 명확히 해야만 한다. 아이디어 창출이 바로 개념개발 즉, 개념설계안의 도출이 되는 것이다.

성공 확률이 낮은 아이디어를 초기에 골라내 프로젝트를 일찍 중단할수록 비용을 줄일 수가 있으며, 초기의 창의적이며 획기적인 아이디어에 의한 개념개발이야말로 기술적 완결 가능성 및 상업화 가능성을 증대시킬 수가 있다.

따라서, 이에 연관된 기술경영MOT, Management of Technology에 있어서도 창의적인 즉, 획기적인 아이디어의 창출은 기술개발 전략과 사업화에 초점을 맞추고 있어야 하는 것이다. 기술개발과 사업화 전략을 고려한 신제품개발 프로세스가 바로 트리즈를 활용한 개발전략인 것이다. 저자가 오랫동안의 연구개발과 트리즈를 활용한 다양한 기술사업화 분석 및 문제해결을 접목시켜 주장하는 신개념의 프로세스는 다음과 같다.

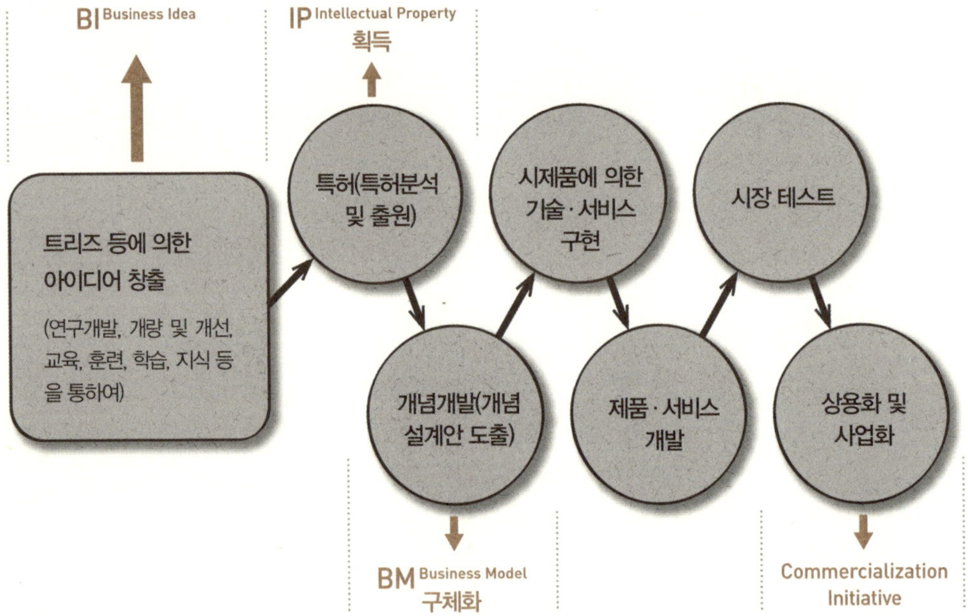

트리즈의 40가지 발명의 원리

발명가들이 자주 대하는 기술적 모순을 제거하고 해결하기 위해서 활용하는 40가지 발명원리는 다음의 표와 같다.

주로 공학용, 비공학용으로 해석, 응용	
1	분할(Segmentation)
2	분리, 추출(Extraction)
3	국부적 성질(Local Quality)
4	비대칭성(Asymmetry)
5	조합(Combining)
6	범용성, 다용도(Universality)
7	끼워 넣기(Nesting)
8	평형추(Counterweight)
9	사전 반대조치(Preliminary Counteraction)
10	사전 준비조치(Preliminary Action)
11	사전 보상(Preliminary Compensation)
12	등위성(Equipotentiality)
13	거꾸로 하기, 역발상(Reverse)
14	구형화, 곡선화(Sphericity)
15	역동성(Dynamicity)
16	초과 또는 부족(Excess or Shortage)
17	다른 차원으로의 전환(Changing Dimension)
18	진동(Oscillation)

표 40가지 발명의 원리(계속)

주로 공학용, 비공학용으로 해석, 응용	
19	주기적인 작용(Periodic Action)
20	유용한 작용의 지속(Steady Useful Action)
21	고속처리(Rushing Through)
22	해로움을 유익함으로 전환(Turn a Minus into a Plus)
23	피드백(Feedback)
24	중개물질(Intermediary)
25	셀프서비스(Self-service)
26	모방(Copying)
27	고가인 내구성 물질 대신 싸고 수명이 짧은 물질을 사용(Cheap Short Life)
28	비기계적 방식으로 전환(Redesign)
29	공기매체와 유체의 이용(Pneumatics and Hydraulics System)
30	유연한 박막 및 필름(Flexible Membrane and Thin Films)
31	다공성의 재료 사용(Porous Materials)
32	색 변환(Changing Color)
33	균질성(Homogeneity)
34	폐기 또는 재생성(Rejection and Regeneration)
35	물체의 물리적 또는 화학적 상태의 변환(Changing Properties)
36	물질 상태변화 이용(Use of Phase Change)
37	열팽창(Thermal Expansion)
38	산화제 사용(Oxidizer)
39	불활성 환경(Inert Environment)
40	복합재료(Composite Materials)

표 40가지 발명의 원리

이를 활용하여 기술적 모순을 타협하지 않고 해결할 수 있는 아이디어를 유추할 수 있으며 아주 편리하고 효과적인 방법이라고 할 수 있다.

대부분의 문제에는 모순이 존재하는데, 현재 전통적인 해결법은 대부분의 모순을 타협해서 해결한다는 것이다. 하지만 창의적인 해결책은 타협에 의해 문제를 해결하는 것이 아니라 모순 자체를 제거함으로써 문제를 해결하는 것이다. 이러한 모순을 해결하기 위한 트리즈는 몇 가지 도구를 제시하는데 40가지 발명의 원리, 4가지 분리원리 등이 있다. 4가지 분리원리에 대해서는 9장의 사례연구의 말뚝박기 사례에서 설명하기로 한다.

또한 창의적인 특허를 발명의 난이도에 따라 5단계로 나누었는데, 다음의 표와 같다.

수준	발명의 수준	점유율 (%)	필요한 지식	고려해야 할 해결책의 수	예
1	자명한 해결책	32	개인적 지식	10	우산, 철조망, 수송효율을 높이기 위한 큰 트럭 사용
2	작은 개선	45	사내 지식	100	지우개 달린 연필, 라이터, 용접 장치에 부착된 소화용 도구
3	획기적인 개선	18	산업 내 지식	1,000	모순이 제거됨 컴퓨터의 마우스, 무선충전기, 휴대폰
4	신개념	4	산업 외 지식	100,000	기술의 영역이 아닌 과학의 영역에서 해결책 발견 현미경, 내연기관, 그래핀 · 탄소 나노튜브
5	발견	1	모든 지식	1,000,000	현재 과학지식의 범위를 뛰어넘는 단계 DNA, 레이저, 중력, 에너지, 상대성이론

표 특허분류를 통한 발명의 정의

발명의 수준 중 1수준과 2수준의 문제는 자명한 해결책으로 특별한 어려움 없이 해결될 수 있는 문제이며, 5수준의 문제는 현재 과학지식의 범위를 뛰어넘는 단계이기 때문에 트리즈가 목표로 하는 문제 해결의 단계는 주로 3, 4수준의 문제해결에 초점이 맞추어져 있다. 이렇게 발명의 수준을 분류한 이유는 수많은 특허를 자세히 검토하는 것이 시간적으로 불가능한 일이기도 하지만 수준의 분류를 통해서 창의적인 해결책의 범위와 공통점을 찾을 수 있기 때문이다.

발명 수준에 따른 분류에서 한 가지 주목할 만한 사실은 발명의 수준이 높은 문제일수록 문제의 해결책을 다른 산업분야에서 찾을 수 있는 경우가 많았다는 것이다. 이는 대부분의 사람들이 자신의 경험에 의해서 문제를 해결하려 들지만 발명의 수준이 높을 경우, 그런 방법으로 해결하는 것은 힘들다는 것을 의미한다.

이를 도식화하여 세분화하면 다음 그림과 같다.

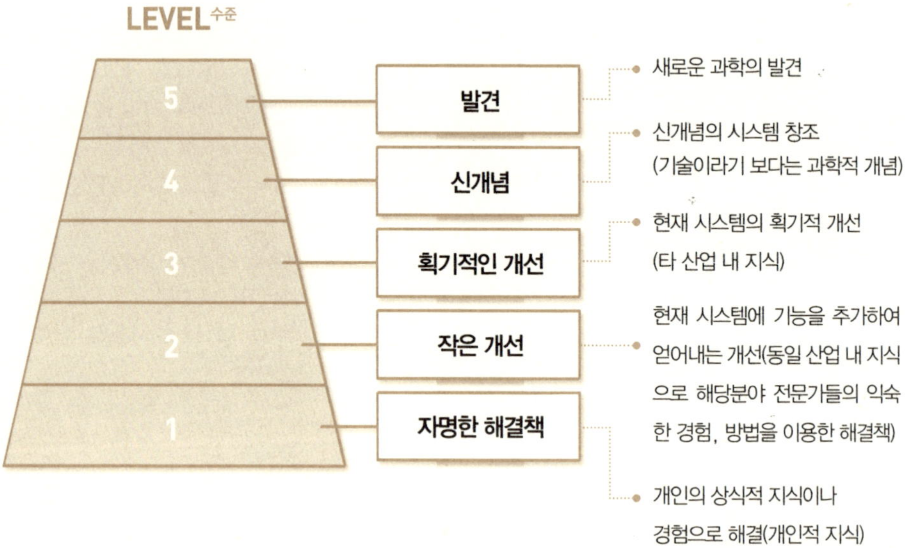

따라서 여기서 언급하는 창의적인 문제해결은 발명의 3, 4수준을 위주로 하여 일반적인 모순해소를 통하여 문제해결책을 도출할 수가 있다.

일반적으로 사람들은 어떤 문제를 접했을 때 심리적 타성psychological inertia 즉, 심리적 관성 때문에 자신의 경험을 바탕으로 하는 방법으로 개념을 잡고 문제해결의 과정을 진행하여 문제해결의 답을 찾으려고 한다. 못 찾을 경우, 또 다른 개념을 떠올리면서 해결책을 찾으려 한다. 하지만, 이러한 자신의 경험은 제한적이므로 경험에서 벗어나 있는 해solution, 문제해결의 접근은 결국 하지 못하는 것이다. 이러한 시행착오trials & errors적 방법은 시간을 많이 소모하고, 기회 손실도 클 뿐 아니라, 단지 우연에 의해 해결책에 접근하는 방법이기 때문에 효율적이지 못하다. 따라서, 트리즈적인 방법론은 자신의 경험에 의존해서 문제를 해결하려 들지 않고, 다음 그림에서 보여주는 바와 같이 문제의 해결책을 다른 산업 및 공학, 기술에서 찾을 수 있는 경우가 많기에 가능한 시행착오를 거치지 않고 교육, 훈련 등을 통해서 창의적으로 문제를 해결할 수 있는 방법론이다.

이와 관련해서는 뒤에서 좀 더 자세히 다루기로 한다.

심리적 관성 Psychological Inertia

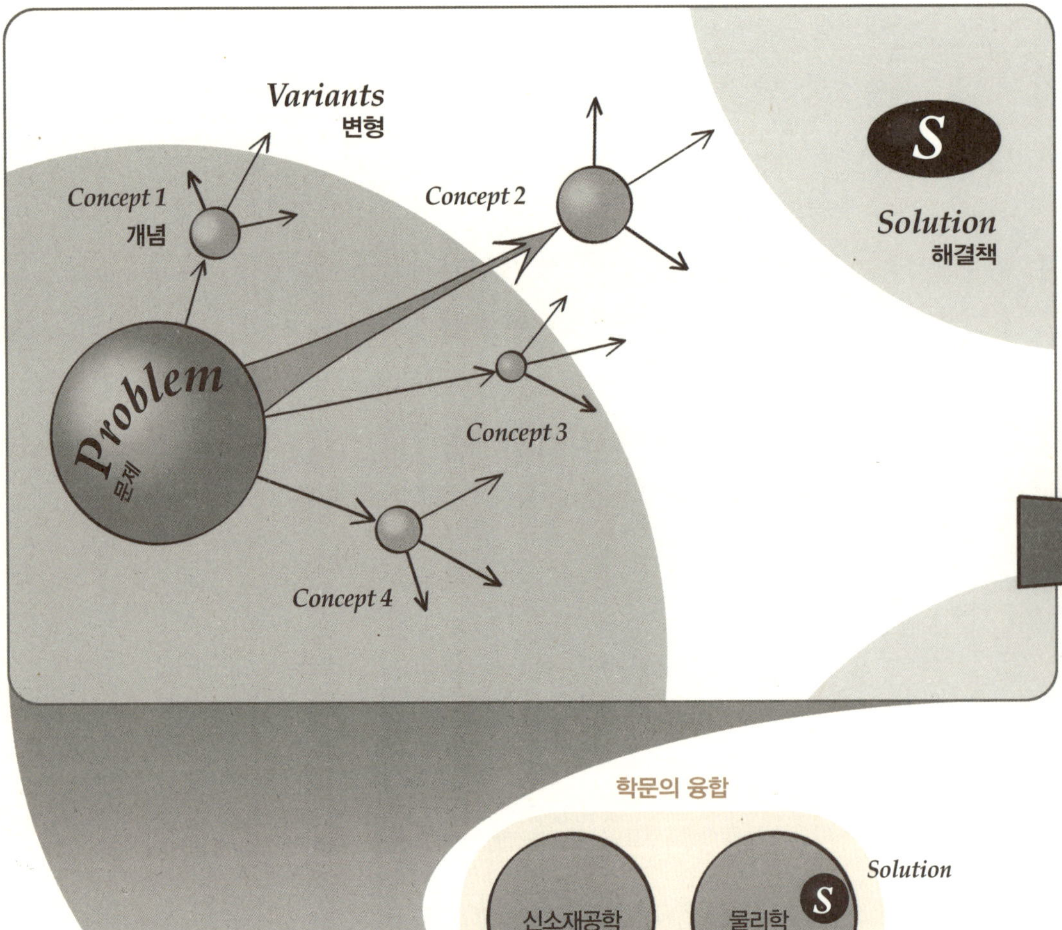

학문의 융합

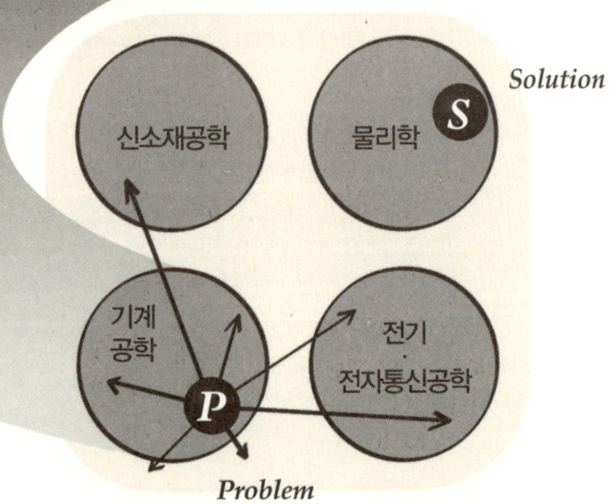

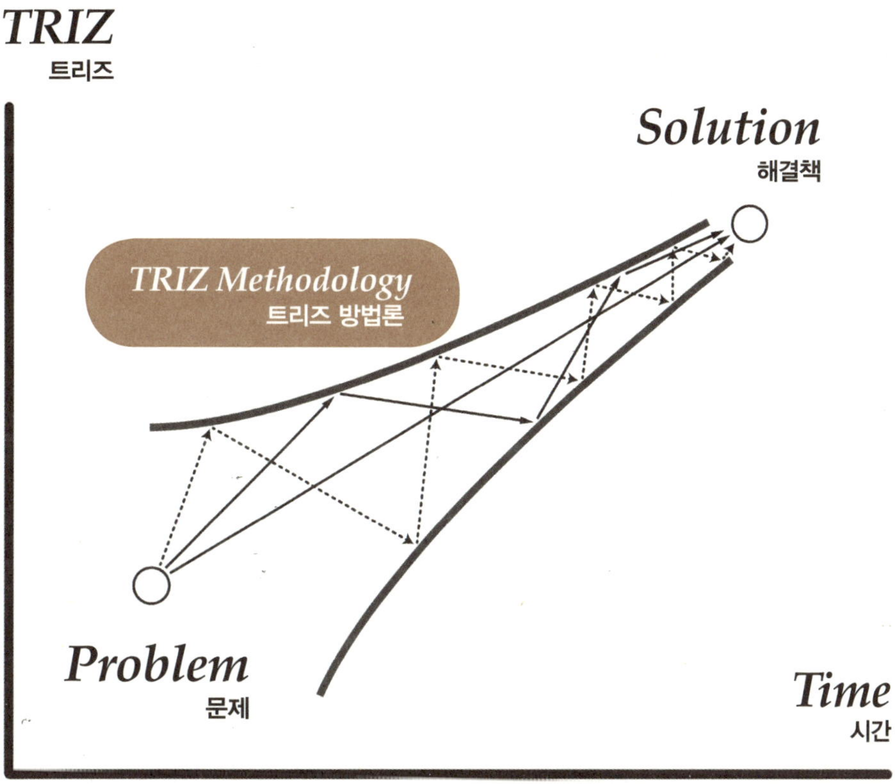

새롭고 스마트한 개념들을
어떻게 창의적으로 발상할 것인가?

How creates new and smart concepts?

우수한 특허 및 경영혁신 사례를 기반으로 다른 분야의
유사문제의 개념적 해결책을 참고로 하여 문제를 해결한다.

창의적 문제해결에 있어서의 장애요인

창의적이며 혁신적으로 당면하고 있는 문제해결의 목표를 달성하기 위해서는 그에 상응할 혁신적인 해결안의 발상이 요구된다. 그러나 다음과 같은 창의적이며 혁신적인 해결안의 발상을 막는 장애요인이 존재한다. 따라서 이러한 발상을 저해하는 다양한 장애요인을 효과적으로 극복하는 것이 필요하다.

창의적 해결안 발상의 5가지 장애요인

심리적 관성[Psychological Inertia]

- 심리적 타성(고정관념)이라고도 하며, 지식[knowledge]을 진리[truth]라고 착각하고 있는 것을 말한다.
- 인간은 최초에 입력된 정보나 지식을 기준으로 지속적인 판단을 내린다. 다음에 입력되는 정보는 월등하게 차이가 나지 않는 한 문제가 있어도 아니라고 하는 판단을 내려 문제해결을 어렵게 만든다.

지식의 부족[Lack of Knowledge]

- 모르기 때문에 원인을 알 수 없거나, 해결을 위한 행위를 할 수 없어서 문제를 해결하지 못한다.

잘못된 목표의 설정[Wrong Objective]

- 목표는 이상성을 가지고 있기에 처음에 목표의 정의를 분명하고 정확히 해야만 한다.
- 해결자의 인지, 해결·관리능력을 벗어나면 문제가 발생되어 해결이 어렵고 통제도 어려워진다.

모순의 해결 회피[Avoiding Contradiction]

- 모순이란 상호 대립하는 두 가지 요구를 동시에 만족시켜야 하는 경우를 말한다. 제품이나 시스템에서 일어나는 모든 행위는 모순을 만들어 낸다. 즉 얻는 것이 있으면 그에 상응하는 잃는 것이 동시에 생긴다는 것이다.
- 창의적 문제해결은 문제해결의 장애가 되는 모순이 무엇인가를 찾아내어 이를 해결하는 것이다.

인지(認知)의 오류[Error of Recognition]

- 내가 보기에는 옳지만 상대방이 보기에는 틀린 경우를 말한다. 수학공식과 달리 사람의 판단 기준과 가치기준은 일정하지 않아 그 기준이 관점에 따라서 변하기 때문에 인지의 오류가 생긴다.

필요한 지식의 부족

- 지식의 부족이란 문제의 가장 많은 원인으로 '모르기 때문에 원인을 알 수 없거나, 해결을 위한 행위나 활동을 할 수가 없어서 문제를 해결할 수 없는 것'을 말한다. 예를 들자면, 신제품의 새로운 개념을 만들어내는 첫째 기준은 제품에 좀 더 많은 지식을 집어넣는 것 즉, 제품을 좀 더 지능화, 스마트화하는 것이다. 현재의 제품이 가지고 있는 가치에 새로운 지식의 질과 양을 첨가하여 새로운 개념을 만들어 냄으로써 제품의 가치를 높이는 것이다.

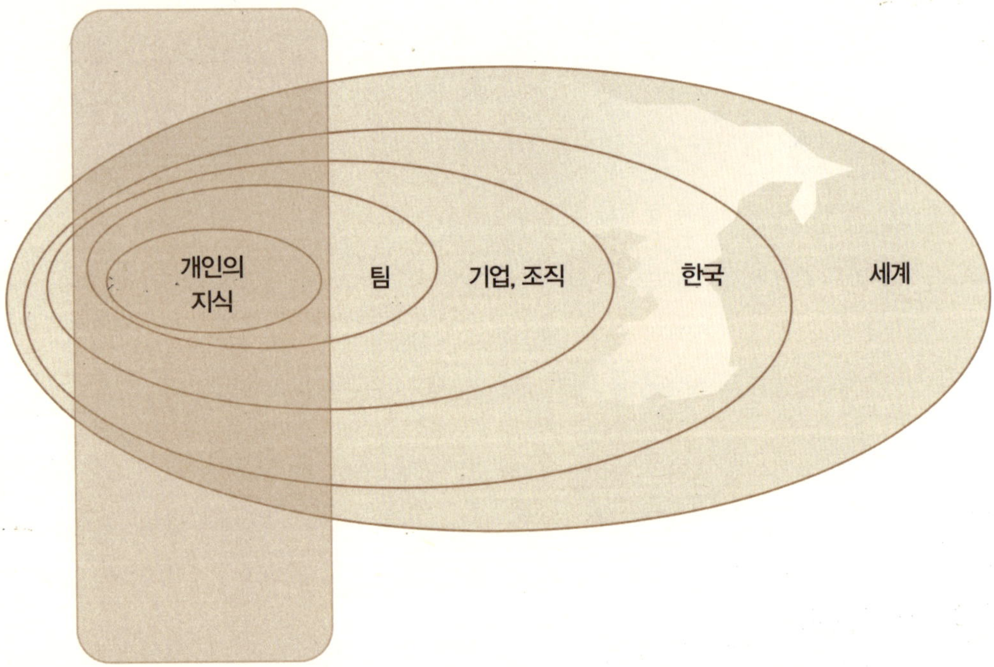

- 그러나 문제해결을 위하여 개인적으로 가용할 수 있는 지식은 한계가 있다는 것이다. 단지 개인의 교육, 경험, 학습 등에 따른 한정되어진 영역에서의 지식으로만 제한되어져 있기 때문에, 여러 다양하고 융·복합화된 분야에서 발생되어지는 문제들을 해결하는데 있어서는 필요로 되는 지식의 부족으로 인하여 문제해결에 한계가 있으므로 쉽지가 않다는 것이다.

- 시장에서의 경쟁이나 기술, 비즈니스, 마케팅, 서비스 등의 발전으로 인하여 게임game의 규칙이 환경에 따라 바뀌듯이 환경적인 필요·조건에 따른 변화가 수반된다. 시장, 기술, 제품, 서비스, 비즈니스, 인간, 자연 등 세상에 존재하는 모든 것은 변화한다. 외형이 변하고, 제품이 변하고, 내용이 변하고, 기능이 변하고, 순위도 변하고 패러다임도 변한다. 따라서 지식의 적용대상이 급격히 변하기에 이에 비례하여서 가용할 수 있는 지식의 충전과 보충이 뒷받침되지 않는다면 지식의 부족으로 인해 창의적 문제해결이 어렵다.

지식의 확장

- 백과사전과 위키피디아(열린 온라인 백과사전, www.wikipedia.org), 인터넷 검색엔진, 정보화 서비스, 지식 데이터베이스(정리된 백과사전) 등을 통하여 지식을 확장한다.

개인의 지식, 팀, 기업, 조직, 한국, 세계의 모든 가용한 지식

트리즈는 이러한 문제를 정확히 규명하고 체계적으로 시행착오를 줄이면서 빠르게 해결하는 방법의 제공에 그 목적을 둔다.

문제해결의 수준과 영역을 파악하라

트리즈 학자가 특허 분석에서 알아낸 중요한 요소는 문제 해결에도 수준이 있다는 것이었다. 문제 해결에 요구되는 창의적 수준에 따라 문제 해결안의 확보 가능 영역이 다르다는 것을 파악하고 창의적 수준과 문제 해결 확보 영역을 고려해 문제 해결 수준을 다섯 단계로 분류했다. 문제 해결 수준의 다섯 단계를 좀 더 자세히 설명하고자 한다.

○ 수준 1

명백한 사실이나 이론으로 해결이 가능한 것으로 기존 시스템에 별다른 개선을 가져오지 못한다. 구성비는 약 32%로 개인적 전문지식 수준에서 해결할 수 있다.

○ 수준 2

해당 분야의 전문지식을 응용해 해결이 가능하다. 기존 시스템의 개선과 합리화를 가져온다. 구성비는 약 45%로 회사 내부의 지식 역량을 결집하면 해결할 수 있다.

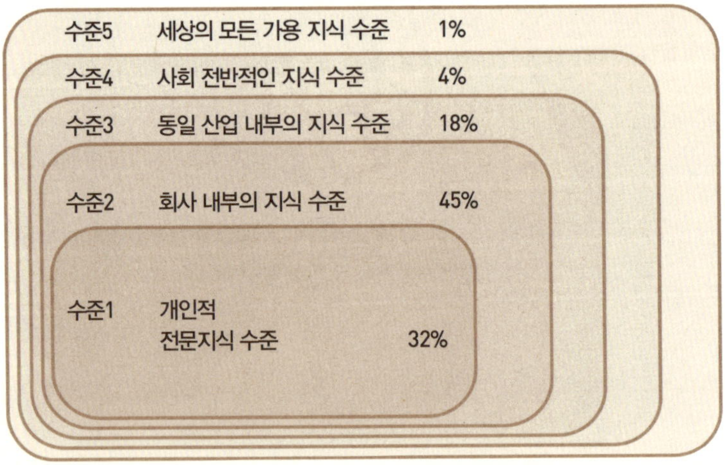

○ 수준 3

공학 분야의 지식과 기술을 합성해 해결할 수 있다. 기존 시스템에 근본적인 개선을 가져온다. 구성비는 약 18%로 동일 산업 내부의 지식 역량을 결집하면 해결할 수 있다.

○ 수준 4

현존 시스템의 목적을 달성하는 과학 원리를 발견하고 시스템에 대한 차세대 원천 개발을 가속화한다. 구성비는 4% 정도로 사회 전반적인 지식 역량을 결집할 때 해결할 수 있다.

○ 수준 5

새로운 시스템의 출현을 가속화하는 발명이다. 구성비는 약 1%로 세상의 모든 가용 지식을 동원해야 해결될 수 있는 최고의 수준이다.

- 문제 해결의 수준과 문제 활용 가능 영역이 나누어질 수 있다는 사실의 발견은 문제 해결을 위한 새로운 관점을 제시해준다. 즉 어디에서 해결 방안을 찾는 것이 효과적인가를 제시해줄 수 있다. 해결안을 광범위하고 초점 없이 제안하는 것보다 문제 해결을 위해 어느 정도의 역량이 필요하고, 그에 따른 해결 방안을 확보하기 위해 어떻게 접근해야 하는가 등의 방법을 제안하는 것이 필요하다.
- 새로운 문제 해결 방안에 대해 항상 뒤따르는 것이 선택과 결정이다. 우리는 종종 중요한 순간에 선택과 결정이 힘들어지는 것을 경험한다. 그 이유로 첫 번째는 문제의 규명이 불확실하다는 것과 두 번째는 해결안에 대해 어떻게 접근할 것인가가 불명확하기 때문이다. 의사결정을 빨리하고 새로운 기회를 잡기 위해서는 해결안을 영역별로 나누어 생각하고 그 문제 해결 범위가 어느 수준으로서 어느 영역인지, 그 영역에서의 해결 방안은 무엇인지를 사전에 정의하는 것이 필요하다.

특허, 논문, 과학지식의 검색

구글Google의 학술정보조사scholar와 특허patents 검색 모듈의 여러 기능을 무료 사용하여 정보, 지식, 논문, 특허 등을 검색할 수가 있다.

www.google.com/scholar

scholar.google.com

(기능에 따른 과학기술 검색, 학술 검색)

학술정보의 검색 시 **'동사+목적어=기능'**의 검색식을 이용하여 영어로 검색하면 최신 논문, 과학 기술 효과effects에 대한 정보를 알 수 있다(예, reduce noise).

선진 기술을 도입하지 않고 기술을 확립하기 위해서는 가장 중요한 것이 기존의 시스템과는 다른 새로운 개념으로 시스템을 만들어 내는 것이다. 이러한 개념을 만들어내기 위해서는 과학기술에 대한 폭 넓은 지식을 필요로 한다. 하지만 지금까지 우리가 배운 과학 지식들은 과학 원리 이름과 공식을 암기하고 풀이하는 것에만 치우쳐 있었고, 그 과학 원리가 어떠한 목적으로 쓰일 수 있는지에 대해서는 공부해 본 적이 없다. 그러나 실제 기술에 적용하는데 있어서는 과학 원리가 어떻게 적용되어 사용할 수 있는지가 더욱 중요한 문제이다.

이러한 문제에 있어서 과학기술 효과science effects가 좋은 도구가 될 수 있다. 과학기술 효과는 지금까지 알려진 수많은 과학원리와 이러한 원리를 적용한 기술 시스템들을 다양한 분야에 사용하기 쉽도록 기능 위주로 정리하여 놓은 데이터베이스이다.

과학기술 효과Science Effects

- 문제해결에 있어서 매우 중요한 과학현상을 '과학기술 효과'라 한다. 세상에는 약 9,000개 이상의 과학현상과 효과가 존재한다. 이 중에서 실제로 사용되는 과학현상과 효과는 약 50~100개 정도이다. 효과effects는 문제해결을 위한 물리, 화학, 기하학적인 원리를 데이터베이스database로 정리한 것으로 문제를 해결하는 데 이를 활용하고 있다.

www.google.com/patents

patents.google.com

(기능의 특허 검색)

전세계의 영문으로 된 특허를 고속으로 검색하는 것이 가능하며 구글에서는 무료로 서비스를 제공하고 있다. 여기에 다음의 예와 같이 기능**[행동동사+(대상, 목적어)]**을 입력한다(예, move liquid).

위에서 설명한 내용을 적용·활용함으로써 각종 다양한 분야의 지식을 융합하여 창의적 사고를 습득하고, 문제해결에 있어 창의적 대안을 제시할 수 있는 통찰력을 키우고 갖출 수 있다.

기초정보의 수집

기초정보의 수집은 인터넷을 통한 정보수집과 고전적 정보조사 방법인 기술서적 및 전문가 집단을 통한 수집 등이 있다. 인터넷을 이용한 정보수집에 관하여 살펴보자.

인터넷을 통해 기본적인 사항에 관한 검색을 마친 후 구체적이고 확실한 기술에 대한 기초정보를 수집하고자 할 경우 관련 기술학회나 논문을 검색하는 것이 좋다. 이를 위한 검색사이트는 많이 있으며 대표적인 검색사이트는 다음의 표와 같다.

이름	주소
LG상남도서관	http://www.lg.or.kr
한국 교육학술정보원	http://www.riss4u.net
아카데미 인프라	http://www.acain.co.kr
국가 전자도서관	http://www.dlibrary.go.kr
대한 전자공학회	http://www.ieek.or.kr
한국 전자통신연구원	http://www.etri.re.kr
한국과학기술 정보연구원	http://www.kisti.re.kr
IEEE	http://www.ieee.org
전력전자학회	http://www.kipe.or.kr
국회도서관	http://www.nanet.go.kr
과학기술 생활 사전 모음	http://www.control.co.kr
한국과학재단	http://www.kosef.re.kr
WoPEc	http://netec.mcc.ac.uk/wopec.html
과학기술 학회마을	http://society.kordic.re.kr/~society/search/kics
일본논문	http://www.ieice.or.jp
연구개발 정보센터	http://www.kordic.re.kr

산업정보망	http://www.iin.co.kr
한국산업데이터베이스	http://www.kidb.co.k

표 기초정보 수집용 검색사이트

국내 특허기술과 특허정보의 조사

○ 국내특허 검색사이트(KIPRIS)

- 한국특허정보원에서 제공하는 특허전문 검색 데이터베이스[DB]로 1947년 이후의 산업 지식재산권(특허, 실용신안, 디자인, 상표) 정보를 무료로 검색할 수 있는 국내 최대의 검색사이트(www.kipris.or.kr)이다.

키프리스[KIPRIS] 검색 DB는 국내 산업재산권 정보(약 350만건)를 서지사항, 초록(대표도면 포함), 전문명세서 전체를 수록한 DB이며, 검색 방법도 키워드 검색, 각종 번호(출원, 공개, 공고, 등록, 우선권번호) 검색, IPC 검색, 출원인 및 발명자 검색, 디자인 및 상표 검색 등 다양한 검색이 가능하다.

그림 KIPRIS 특허정보검색서비스 홈페이지

http://www.kipris.or.kr

Chapter. 08

기능분석법에 의한 창의적 문제해결

Function Analysis Method

Function

기능분석 Function Analysis 이란?

기능분석은 기술 시스템이나 공정, 또는 마케팅이나 서비스 등이 갖고 있는 고유의 시스템을 기능의 관점에서 분석하여 비교적 간단한 모델로 그 시스템을 분석하는 새로운 트리즈의 방법론이다.

해결해야 할 기술과제가 복잡하게 얽혀 있거나, 문제가 명확하지 않은 복잡한 시스템이나 공정을 분석하는 경우에 있어서 기능분석은 매우 중요하다.

또한, 입력(투입물)과 출력(산출물)과의 관계를 도식적으로 나타내어 문제와 문제의 원인을 파악하고 분석하는데 있어서 유용하게 사용된다.

기능이란 항상 동사(작용)와 명사(작용을 받는 대상인 객체)로 구성되어 있다. 때문에 기능을 완전한 형태로 기술하기 위해서는 주어–동사–목적어의 관점에서 정립되어야 한다.

여기서 기능을 수행하는 사물 주체가 바로 주어이다.

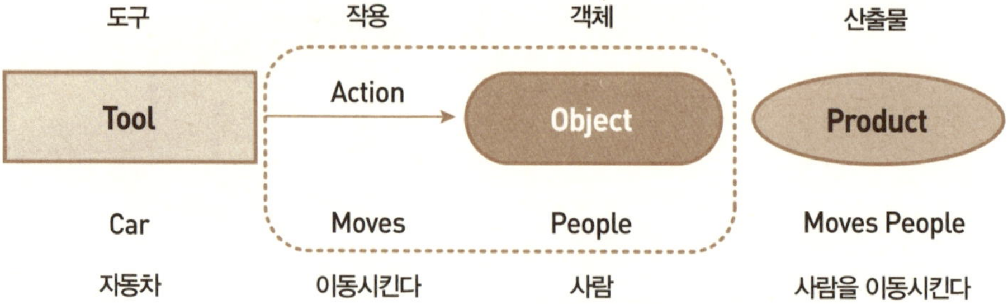

예를 들어, "자동차는 사람을 이동시킨다."라는 문장에서 주어는 '자동차'이고 기능은 '사람을 이동시킨다'이다. 따라서 문제를 해결하는데 있어서 기능의 정의에 따른 올바른 형태로 기능을 분석하고 정립시켜야만 한다.

다음 그림은 시스템의 기능분석도이다.

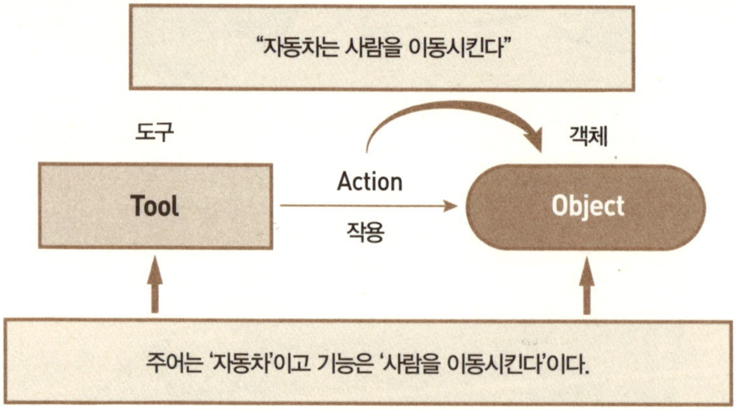

그림 시스템의 기능분석도

설명한 바와 같이 모든 시스템이나 생산 공정, 제품들을 비롯한 공학분야나 서비스, 마케팅, 영업, 판매, 상품기획, 경영들을 비롯한 비공학분야는 그 자체의 차별화된 특성에 따라 하는 일, 즉 역할이라고 말하는 고유한 기능을 갖고 있다. 기능분석을 도식화하여 정확히 하면 전체 시스템을 구성하는 모든 요소들의 관계와 역할(즉 기능)들이 유기적인 관계로 연결되어져 있음을 파악할 수가 있다. 따라서 창의적인 문제해결은 기능분석으로 시작되고 기능분석의 결과로 귀결된다고 해도 과언은 아니다.

이러한 기능분석을 통해 공학적으로 문제를 해결하고자 하는데 있어 인간의 사고 능력은 자신의 경험과 지식의 범주를 넘어서기가 어렵기 때문에, 대부분의 문제의 해결을 그 고정관념의 틀에서 해결하려고만 한다. 그러나 대부분의 문제에 있어서 해결책은 자신의 경험이나 지식의 범위를 벗어나는 다른 곳에 있을 가능성도 높다. 한편으로는 고정관념이란 사고의 틀을 깨면 간단하게 해결할 수도 있는 범주에 있다는 것이다. 그러므로 문제의 해결에 도움이 되기 위하여, 다음의 사항들을 반드시 고려해야만 한다.

1 기능분석을 하는 데 있어서, 가능한 관련된 기능들의 특성과 역할을 구체적으로 도식화한다.

2 기능들의 경계영역을 정확히 구분한다.

3 기능을 새로운 각도에서 해석을 한다.

4 새로운 각도에서의 해석을 위해서는 문제의 상황에 작용하는 공학적 기술뿐만이 아니라 각종 물리량(예를 들면, 중력, 전자기력, 진동, 공기, 압력, 에너지 등)과 화학량 등의 과학적 기술을 적용하거나 응용하여야만 한다.

5 따라서, 모든 문제의 해결을 위한 기능분석을 통하여 공학적 기술 뿐만 아니라, 과학적 기술을 결합하면 창의적인 문제해결을 할 수가 있다.

기능 분석법 Function Analysis Method

문제해결 및 창의적인 제품개발이나 서비스, 마케팅, 경영, 신사업 발굴을 위해서는 경쟁제품 또는 기존에 개발된 제품이나 기존에 행해지는 서비스 및 마케팅, 경영 등을 비롯한 현존 사업 전략에 관해서 철저히 분석하는 것이 중요하다. 기존 제품에 대한 다른 개발자가 비슷한 유형의 공학적, 비공학적인 여러 문제들을 어떻게 적용하고, 해결하여 제품에 반영했는지를 확인할 수 있는 기회를 가져야만 한다. 이러한 기존 제품에 관한 철저한 분석 과정은 자신이 구상한 제품의 설계 과정과 해결안과 다른 개발자의 설계 과정과 해결안과 비교함으로써 보다 나은 해결책을 찾는 데 도움을 준다. 기존 제품을 분석하는 데 있어 아주 유용한 방법이 기능분석법이다. 기능분석법은 기존 제품의 필수적인 기능들을 체계적으로 확인하여 상호간의 동작 메카니즘을 파악함으로써, 설계될 제품이 충족해야 할 최소한의 조건들을 구체화시키고, 더 나아가 기존 제품의 기능들에 대한 삭제, 대체, 보완 등을 통하여 기존 제품의 동작상의 문제점들을 해결하여 개선할 수 있다. 또한 기능개선뿐만 아니라 품질향상, 원가절감, 서비스 개선, 새로운 마케팅 전략의 수립, 신사업 창출 등의 창의적인 제품을 개발하고, 서비스를 창출하며, 경영혁신을 이루어 나가는 데 도움을 준다.

기능Function이란 무엇인가?

시스템이 하는 일(역할)을 기능이라고 한다.

- 승용차의 기능(역할)은 사람을 태워서 이동시키는 것이다.

- 안전모의 기능은 사람의 머리를 보호하기 위하여 충돌을 막거나 충격을 완화시켜주는 것이다.

- 레이저 포인터의 기능은 사람의 눈을 한 곳에 집중 시켜주는 것이다.

* 사람들은 항상 좋은 기능을 추구한다.

간단한 기능 분석법Function Analysis Method

앞에서 상세히 언급한 기능(역할)을 분석함으로써 복합계 구조를 이루고 있는 삶의 현장의 모든 분야에서 발생되고 있는 문제들에 대해서 창의적인 해결책과 대안을 찾을 수 있는 기능분석법에 대하여 사례 연구를 통하여 설명하고자 한다.

기존 제품이나 서비스 등에 관한 분석은 비슷한 유형의 공학적 또는 비공학적 문제들을 어떻게 해결했는지를 확인할 수 있는 기회를 갖게 한다. 이러한 기존 제품이나 서비스 등 경영전략에 대한 분석 과정은 자신들이 구상했거나 구상하고자 하는 제품개발이나 새로운 경영전략 등에 대한 과정과 해결안을 서로 비교함으로써 보다 나은 해결책을 찾는 데 도움이 된다. 기능분석법은 기존 제품이나 서비스 등의 필수적인 기능(역할)들을 체계적으로 확인할 수 있으며, 더 나아가 보다 나은 제품이나 서비스가 충족시켜야 할 최소한의 조건들과 고객의 니즈needs를 구체화시키는 데 도움을 준다.

기능분석법은 다음과 같은 5단계별 과정을 거쳐서 수행하여야 한다.

모든 분야의 문제해결에 있어 5단계의 정형화된 틀포맷, format에 다양한 다른 분야에서 일어나는 문제들에 대한 기능들을 대입시키고, 앞에서 설명했던 과학적 지식, 정보, 논문, 자료, 특허 등을 활용한 모든 지식들을 적용시켜 창의적 문제해결을 창출해내는 아주 간략하면서도 효과적인 방법론이다.

1단계 **제품의 전체 기능을 입력과 출력으로 전환하여 블랙박스(black box)로 표현한다.**

2단계 **전체 기능을 필수적인 기능들로 세분화한다.**

3단계 **필수적인 기능을 제시한 후 각각의 기능을 수행하는데 필요한 수단을 발상한다.**

4단계 **필수 기능들 간의 상호작용을 보여주는 기능분석도(블록 다이어그램, block diagram)을 작성한다.**

5단계 **제품이 충족해야 할 조건들과 기능을 구체화시켜 새로운 제품설계에 적용한다(수정 및 보완).**

기능분석법의 1단계는 제품이나 시스템, 서비스, 경영 등의 전체적인 기능을 다음 그림과 같이 블랙박스black box 형태로 도식화시켜 표현하는 것이다.

여기서, 블랙박스는 기술시스템, 서비스시스템을 의미하는 것이다.

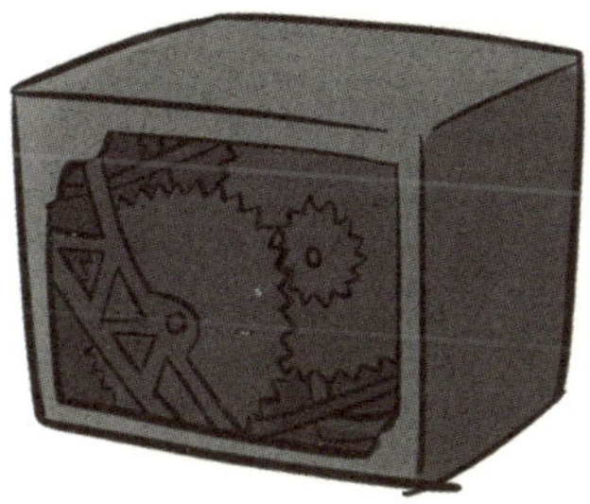

1단계. 블랙박스black box로 표현하기

- 기능분석법의 첫 단계로 제품(상품)의 전체적인 기능을 블랙박스로 표현한다.
- 설계해야 될 제품은 반드시 외부로부터 어떤 입력을 받게 된다.
- 따라서 블랙박스에 주어진 입력은 설계 제품의 고유한 기능 수행을 통하여 얻고자 하는 목표인 출력을 창출한다.

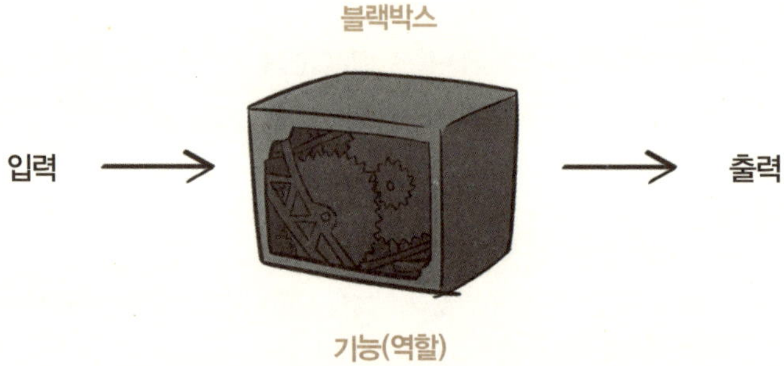

그림 **블랙박스(기술시스템, 서비스시스템)**

창의적 문제해결에 있어서 제품(상품)이 수행해야 하는 기능을 이해하기 위해서는 어떤 입력을 받아 어떤 출력을 내놓아야 하는지를 정의하는 것이 선행되어야 한다.

'세탁기'의 예를 든다면 '더러운 옷'은 세탁기의 입력이 될 것이며, '깨끗한 옷'은 세탁기가 어떤 기능을 수행함에 따른 결과로 나타내는 출력의 결과물이 된다.

여기서 세탁기의 고유한 기능은 무엇인가? 바로 '더러운 옷'을 '깨끗한 옷'으로 만드는 것이 세탁기의 고유한 기능이 되는 것이다.

다음 그림은 세탁기의 블랙박스를 도식화한 예이다.

이때 블랙박스 안에는 '더러운 옷'을 '깨끗한 옷'과 오물로 구분하기 위한 다양한 기능들이 내포되어져 있을 것이다.

(예) 세탁기의 기능 분석법

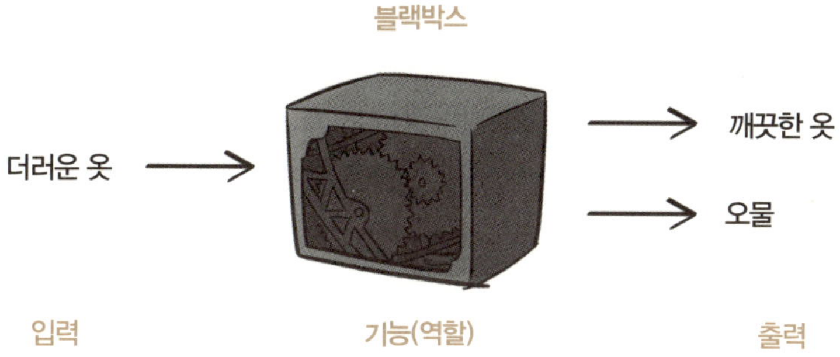

그림 세탁기의 블랙박스

어떤 입력이 주어졌을 때, 요구하는 출력으로 변화시키기 위해서는 몇몇 기능들이 수행된다. 이러한 기능들은 순차적으로 진행되며, 각각의 기능 수행에는 추가적인 입력이 필요한 경우도 있고 부가적인 출력이 발생하는 경우도 있다. 요구하는 출력으로 변화시키는 기능들을 세부적으로 분류하고 각각의 기능 수행에 필요한 추가적인 입력과 출력을 표현하는 것이 필요하다. 기능들을 표할 때는 '~하기'와 같이 제품이 수행해야 하는 기능을 동사로서 서술하는 것이 유용하며, 각 기능들의 연관성에 대해서는 화살표를 이용하여 표현하는 것이 효과적이다. 부가적인 입력, 출력에 대해서는 선의 모양이나 굵기, 색깔 등을 달리하여 표현할 수가 있다.

앞에서 제시한 예인 세탁기의 경우 '더러운 옷'을 '깨끗한 옷'과 '오물'로 구분하기 위해서는 다음 2단계와 같이 필수적으로 필요한 기능들을 검토하여 분류해야만 한다.

2단계. 세부적인 기능 표현하기

'더러운 옷'을 '깨끗한 옷'과 '오물'로 구분하기 위하여 필수적으로 필요한 기능을 검토하면 다음과 같다.

- 오물을 물에 **불린다**.
- 의류와 오물을 **분리**한다.
- 오물을 **제거**한다.
- 의류를 **탈수**시킨다.
- 의류를 **건조**시킨다.

세탁기가 세탁을 하기 위한 필수적인 기능을 분류한 후, 각각의 기능을 수행하는데 필요한 수단을 발상하여 다음의 표와 같이 나타낸다. 3단계는 기능 달성을 위하여 수단을 발상하는 것이다.

3단계. 기능 달성을 위한 수단의 발상(창출)

필수적인 기능을 제시한 후, 각각의 기능을 수행하는데 필요한 수단을 발상한다.

필수적인 기능	기능 달성을 위한 수단
오물을 물에 불린다	물을 넣는다
오물을 분해한다	세제를 넣는다
의류와 오물을 분리한다	휘젓는다
오물을 제거한다	헹군다
의류를 탈수시킨다	회전시킨다
의류를 건조시킨다	열을 가한다

표 세탁기의 필수적인 기능과 기능 달성을 위한 수단

4단계는 위에서 도출된 필수적인 기능과 기능 달성을 위한 수단을 다음 그림과 같이 블록 다이어그램block diagram 형태의 기능분석도로 표현하여 기능 상호 간의 연관성을 파악하고 검토하여, 기능구현을 구체화하기 위한 도식화된 기능분석도를 작성한다.

4단계. 기능분석도로 표현하기

도출된 필수 기능과 수단을 기능분석도로 표현하여 기능구현을 구체화시킨다.

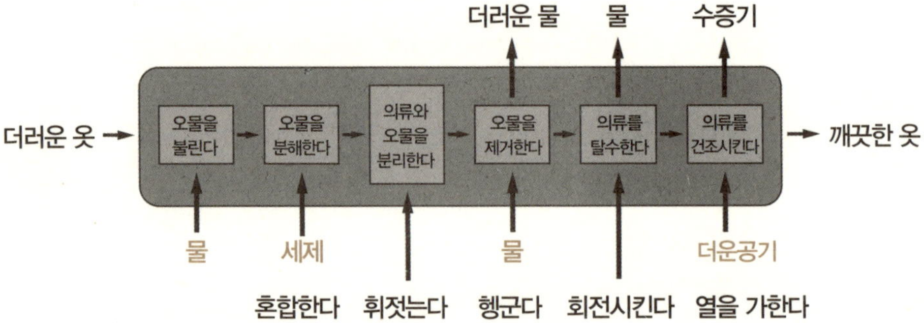

그림 세탁기의 기능분석도

마지막으로 5단계는 작성한 기능분석도에 수정할 기능과 새로운 기능의 추가를 위하여, 기존 기능의 삭제 및 대체, 보완 등을 통하여 제품기술 및 서비스의 향상을 이루는 것이다.

5단계. 수정 및 보완하여 적용

작성한 기능분석도에

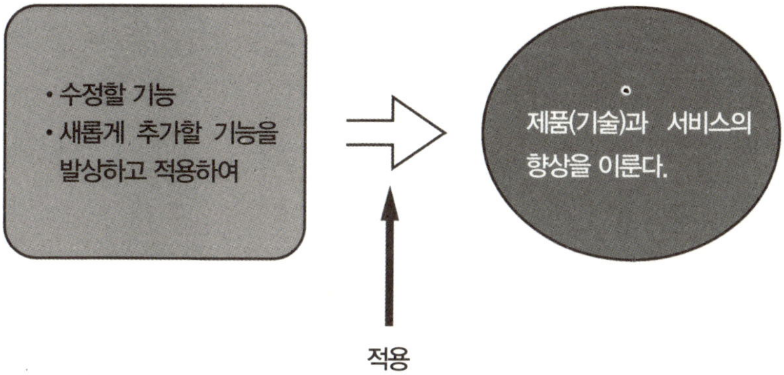

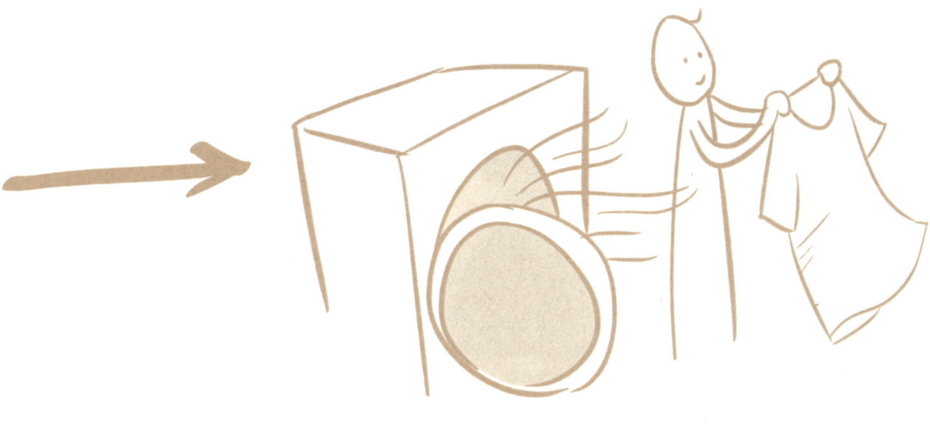

Chapter. 09

기능분석법Function Analysis Method을 활용한 문제해결의 사례연구

Case Study

Various

Cases

깨지지 않는 전구Unbreakable bulb를 개발하라

깨지지 않는 전구의 사례를 통하여 기능분석에 의한 공학적 문제해결의 과정을 살펴보자.

1970년대 달 탐험 시대에 미국과 소련은 서로 치열한 경쟁을 하고 있었다. 달에 우주인을 착륙시킨 아폴로와 같은 프로젝트의 비용에 견딜 수 없었던 소련은 무인 달 탐사선을 발사하여 어두운 달 표면 뒤쪽에 자동 로켓을 보내기로 하였다. 이 로켓의 임무는 지구에서 아직 보지 못했던 TV 영상 사진들을 달에서 지구로 전송하는 것이었다. 그 당시 백열전구가 가장 좋은 광원으로 사용되었지만, 기존의 백열전구는 달 표면에 착륙할 때 발생되는 충격에 견딜 수가 없었다. 군사용 탱크에 사용하는 가장 내구성이 좋은 전구조차도 시험 중에 유리와 소켓 사이의 연결부위에서 깨졌다. 어떻게 하면 착륙에도 깨지지 않도록 전구를 강화할 것인지를 검토하기 시작했다. 그리고 간단하게 문제를 해결하였다. 그러면 기능분석에 의한 문제의 해결방안을 생각해보자.

다음과 같이 문제를 제시하고 해결을 위한 목표를 설정해본다.

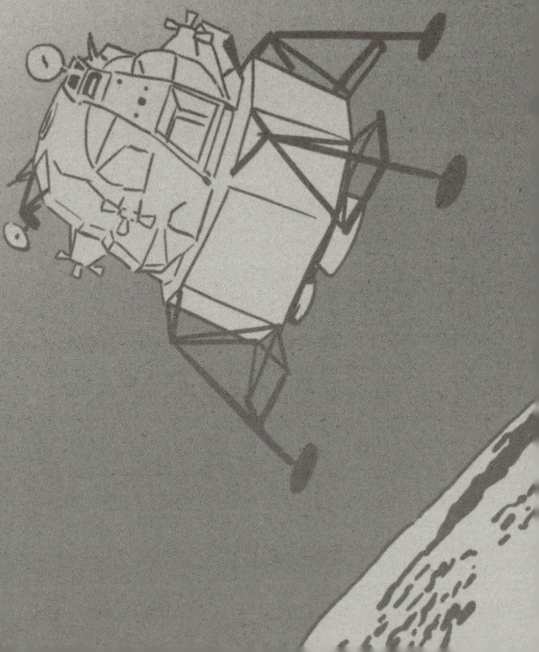

〈문제〉

달 착륙선이 달에 착륙 시 사진을 찍기 위하여 전기를 이용하여 어둠을 밝히는 전구를 설치하였으나, 착륙 시 진동과 진공압으로 인하여 전구가 깨지는 문제가 발생한다.

〈목표(문제의 해결)〉

- 달 착륙 시 깨지지 않는 전구의 개발
- 우주공간에서 켜지는 광원의 개발

위에서 제시한 문제를 그림으로 다시 한 번 간략히 표현하면 다음과 같다.

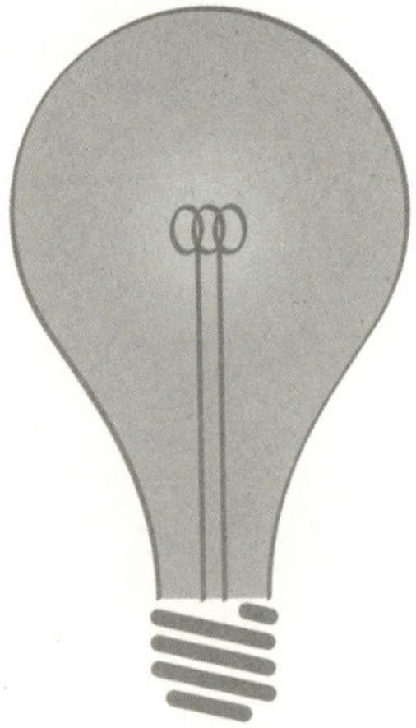

우주선이 달을 탐사하기 위하여
지구를 출발하였다.
그런데 우주선이 달에 착륙하는
순간 충격 때문에 달 표면을
비추기 위해 설치해 놓은 전구가
깨져 버리는 문제가 발생했다.
여러분은 어떻게 이 문제를
해결하겠습니까?

문제의 전통적인 해결

착륙 시 충격으로 전구가 깨지는 문제에 대한 해결책으로

충격에 강한 전구electric bulb 즉, 내충격성이 강한 전구를 만들면 되는 것이다. 그러자면 이를 만족시키는 소재의 개발이 필요하다. 따라서 다음과 같은 해결안으로 문제를 해결하려고 한다.

첫째, 높은 열에 잘 견디는 소재 즉, 내열성을 가지는 소재의 개발이 필요하다.

둘째, 달 탐사선(우주선)이 착륙 시 발생되는 충격에 잘 견디는 즉, 내충격성을 가지는 소재의 개발이 필요하다.

셋째, 일반적으로 타 산업분야에서 적용하고 있는 충격방지를 위한 기술을 탐사선에도 적용시켜 충격을 줄이고 방지할 수 있는 구조적 완화설계를 하는 것이다.

문제의 해결에 대한 고찰

우선 전구의 기능(역할)을 알아야 하고, 둘째로 이런 기능을 일으키는 전구의 구조와 시스템 등을 파악해야만 한다. 셋째로 지구와 비교하여 우주선이 착륙하여 임무를 수행하는 달에 대한 조건들(환경적 조건, 지형적 조건, 업무적 조건 등)을 비교 · 검토해야만 한다. 넷째로 서로 다른 환경 및 조건으로 인하여 발생된 문제를 기능분석법Function Analysis을 활용하여 정의함으로써 그 근본 원인 분석Root Cause Analysis을 통하여 창의적이고 효율적으로 문제해결에 접근할 수가 있겠다.

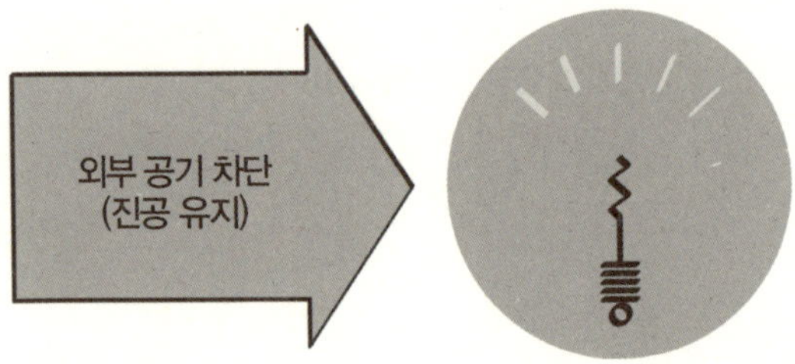

전구의 목적은 무엇인가? 전구의 기능은 무엇인가? 그것은 필라멘트 주위에 진공을 만드는 것이다. 그런데 달 전체가 진공상태(무중력상태)이므로 유리가 필요없다. 따라서, 필라멘트를 싸고 있는 유리를 없앤다면? 없는 유리는 절대로 깨질 수가 없다.

도출된 필수 기능과 수단을 기능분석도로 표현하여 기능구현을 구체화시키면 '전구의 기능'에 대해서 명확히 알 수가 있다.

전구의 기능은 그림의 전구 기능분석도에서 보는 바와 같이 전원에 의해 전기를 통하면 필라멘트의 재질인 텅스텐이 고온의 백열상태가 되어져 불을 밝히게 된다. 이때 공기 중의 산소는 텅스텐과 반응하여 산화가 일어나 백열이 잘 안되는 현상이 발생된다. 따라서 전구 내부를 유리구로 감싸서 진공상태로 만들어야만 하는 것이다. 또한 유리는 투명한 재질이지만 필라멘트에서 발생한 광원, 즉 불빛이 잘 발산되어 퍼지도록 유백색 반투명으로 사출(몰딩, molding)되는 경우도 많다.

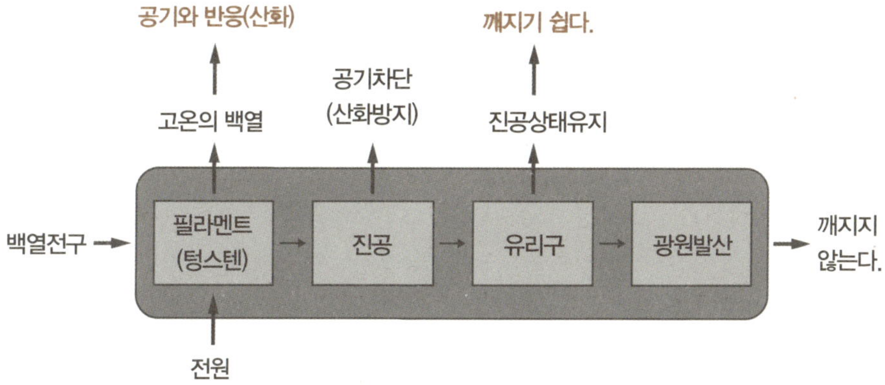

그림 전구 기능분석도 (1)

다음 그림의 전구 기능분석도는 산화방지를 위해 전구의 내부를 진공상태로 만드는 대신에 불활성기체(Ne, Ar)를 주입하고 유리구로 봉입하면, 텅스텐의 산화에 의한 증발을 억제하여 필라멘트의 온도를 높여 빛의 효율을 좋게하고 방열의 효과도 얻을 수 있는 기능 분석도를 나타내고 있다.

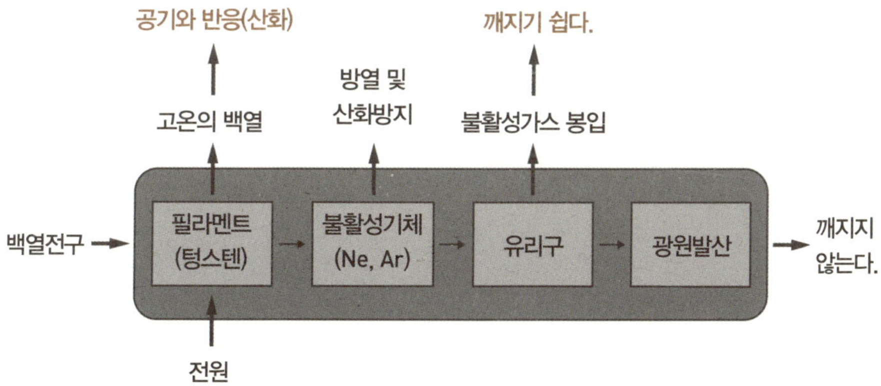

그림 전구 기능분석도 (2)

그러나 위 2가지 경우에 있어서도 빛의 확산을 위해 블로우 몰딩[blow molding]으로 제작된 유리는 깨지기 쉽다는 점이다. 그러나 지금은 소재기술이 발달되어 강화유리를 사용한다거나, 대체 소재로 내열성이 우수하고, 투명하며, 내충격성이 아주 우수한 엔지니어링 플라스틱 복합재인 폴리카보네이트[polycarbonate]를 사용한다면 착륙 시에 발생되는 어떠한 충격에도 잘 견딜 수가 있다.

따라서, **전구의 목적은 무엇인가?**에 답은 기능분석의 결과에 의하면 "필라멘트 주위에 진공을 만드는 것"이다. 그러나 간과하기 쉬운 환경요소를 고려해보면 공기가 존재하는 지구와는 대조적으로 달 전체가 공기가 없는 진공상태이기에 단순하게 문제를 해결할 수가 있는 것이다. 즉, 유리전구[bulb]는 필요하지가 않다는 것이다.

언급된 문제를 보다 정확하고 분명히 해결하기 위해서는 백열전구의 구조 및 원리를 이해해야만 한다.

참고: 백열전구의 구조

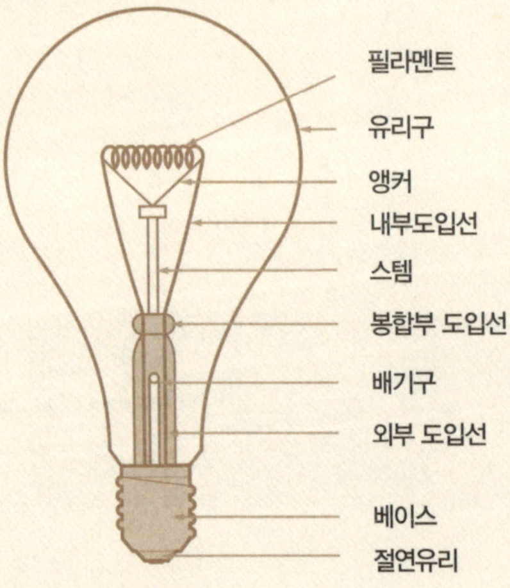

텅스텐 필라멘트에 전기가 흐르면 저항 때문에 열이나고 빛이 나게 된다.
유리를 덮은 이유는 산소를 차단하기 위함인데, 필라멘트에 전기가 통할 때 산소가 있게 되면 필라멘트는 순식간에 타게 된다. 그래서 유리 안을 진공상태로 만들어야만 하는 것이다.

유리bulb를 없애라

A. 유리를 없애라!

우주에서는 전구를 감싸주는 유리가 필요없다. 이유는, 지구에서의 유리의 역할은 주위 공기와의 접촉으로 산화를 방지하는 원리인데 우주에는 공기가 없기 때문이다. 그래서 문제에 대한 해결안으로 이런 아이디어를 내보았다.

지구 공기가 존재하기 때문에 기존의 전구는 필라멘트를 감싸는 유리가 필요하다.

달 공기가 없는 진공상태이기 때문에 산소에 의해 산화되거나 필라멘트가 탈 염려가 없기에 별도의 유리가 필요 없다. 따라서 유리 없는 전구가 가능하다.

유리대신 충격에 강한 플라스틱을 사용한다

B. 유리대신 PC폴리카보네이트!!

PC(polycarbonate, 폴리카보네이트)재질의 경우는, 충격을 흡수해주는 성질(내충격성)이 아주 우수하기 때문에 필라멘트의 파손을 방지해준다. 또한 고온에서도 잘 견디는 성질(내열성)이 좋고 투명 재질이므로 유리 대신 대체 소재로 사용할 수가 있겠다.

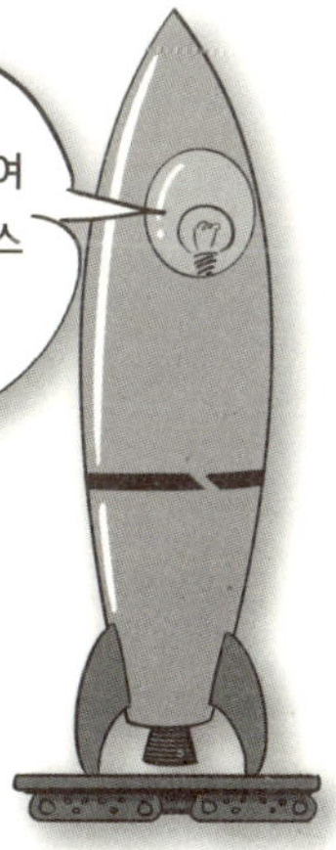

소음Noise을 줄여라

자동차 개발팀이 새로운 트럭을 위한 배기 시스템을 개발하고 있었다. 설계명세서에는 여러 가지의 성능과 경제적 기준을 담고 있었고, 가장 중요한 기준은 소음수준, 역압력(엔진 효율에 영향을 준다), 그리고 비용이었다. 이러한 모든 특성들이 소음기의 특별한 설계에 주로 영향을 주었다. 목표 기준치를 모두 충족하며, 상업적으로 이용 가능한 소음기는 없었다. 그래서 몇 달동안 개발팀은 적당한 소음기 설계를 찾으면서 해결책을 위한 브레인스토밍으로 아이디어를 찾았다. 소음기 설계를 개선하는 방법에 대해서는 여러 가지의 해결책이 제안되었지만, 어느 것도 목표를 제시하지 못했다. 설계명세서와 가장 가까운 파라미터parameter를 제시하는 세 가지의 대체 소음기 설계가 표와 같이 제시되었다.

소음기 종류	비용($)	소음 수준(dB)	역압력(psi)
A	60	79	7.65
B	90	79	7.40
C	60	82	7.40
목표	60	79	7.40

표 소음기 대체품들

가장 비싼 소음기 B가 받아들일 수 있는 기술적 성능을 갖고 있었지만, 비용이 한계 수익점을 크게 초과하였다. 새로운 배기시스템을 장착한 트럭을 시장에 내놓아야 했기 때문에 마지 못해서 예산을 초과하는 소음기 B가 승인되었다. 이 시기에 미국의 웨인주립대학교에서 트리즈 수업을 받고 있던 두 명의 젊은 여학생들이 예기치 않게 구원투수로 나타났다. 트리즈 방법에 의한 상황 분석이 그들로 하여금 무엇을 얻어야 하는지 의문을 갖게 했다. 기존의 소음법규는 시스템 성분(소음기)이 아니라, 그림과 같이 인도에 있는 사람들에게 가해지는 소음 노출을 중점 문제로 다루고 있었다.

무엇이 문제인가?

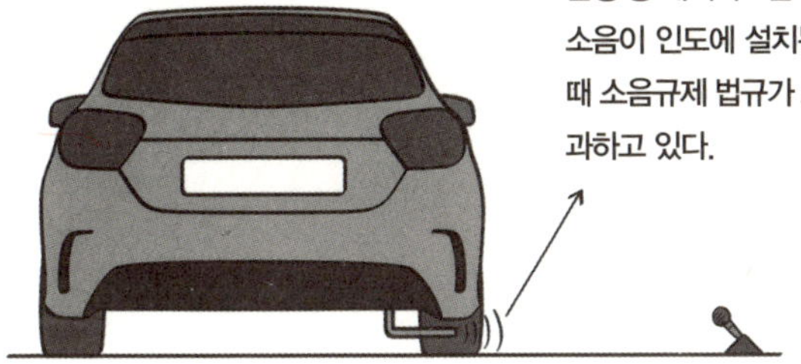

그림 배기시스템의 문제점

따라서 이 여학생들은 소음기 C를 채택했고, 그 대신 소음수준 규격을 맞추기 위해서 배기시스템의 일부를 개선할 것을 제안하였다. 해결책은 매우 간단하였다. 원래의 배기시스템은 원칙적으로 인도에 설치되어 있는 소음 측정용 마이크 쪽을 향하고 있는 직선형 꼬리관을 갖추고 있는 반면, 여학생들은 아래의 그림과 같이 관끝을 아래쪽 차도의 지면방향으로 구부렸다.

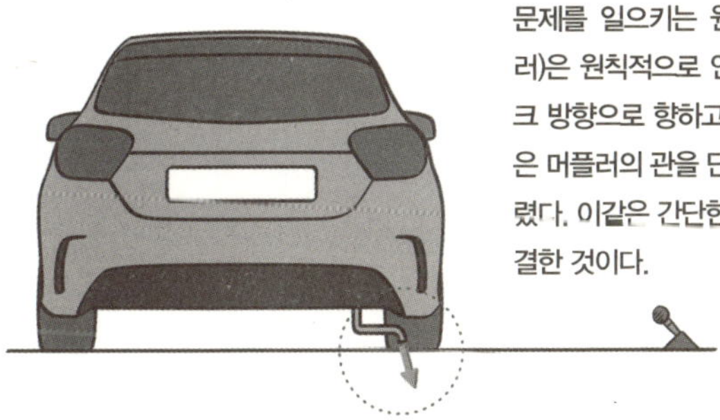

그림 배기시스템의 개선

이제 배기시스템이 일으키는 소리가 인도에 있는 사람들에게 영향을 주지 않고, 지면으로 굽어 흐르게 되어 인도에서 측정되는 소음이 감소되었다. 실험 결과 이 해결책은 모든 요구기준을 충족시켰고, 이것은 즉시 실행되었다.

문제의 해결에 대한 고찰

소음을 줄이기 위한 새로운 배기시스템의 개발은 소음 수준 규격에서의 허용치를 초과하기 때문에 발생된 문제이다. 이 문제를 해결하기 위해 소음의 세기와 이를 발생시키는 자동차의 소음기 즉, 머플러muffler의 구조와 기능을 파악해야만 앞서 기술한 여러 가지 창의적 문제해결의 방법론을 활용하여 창의적이며 혁신적인 아이디어 발상, 즉 개념안을 도출할 수가 있다.

소음noise과 자동차의 머플러muffler

사람이 느끼는 소리(소음)의 세기는 다음과 같다.

0 dB데시벨 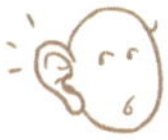 겨우 들을 수 있는 소리

10 dB데시벨  숨소리(들릴 듯 말 듯한)

20~30 dB데시벨  속삭임

30~60 dB데시벨  일상적인 대화

70 dB데시벨  진공 청소기

80 dB데시벨  차가 많은 도로(매우 시끄러움)

90 dB데시벨  대형 트럭(8시간 이상이면 청력 손상)

120 dB데시벨 

1m 떨어진 곳에서의 자동차 경적(귀에 통증)

130 dB데시벨 

1m 떨어진 곳에서의 제트기 이착륙
(고막 파열될 수 있음)

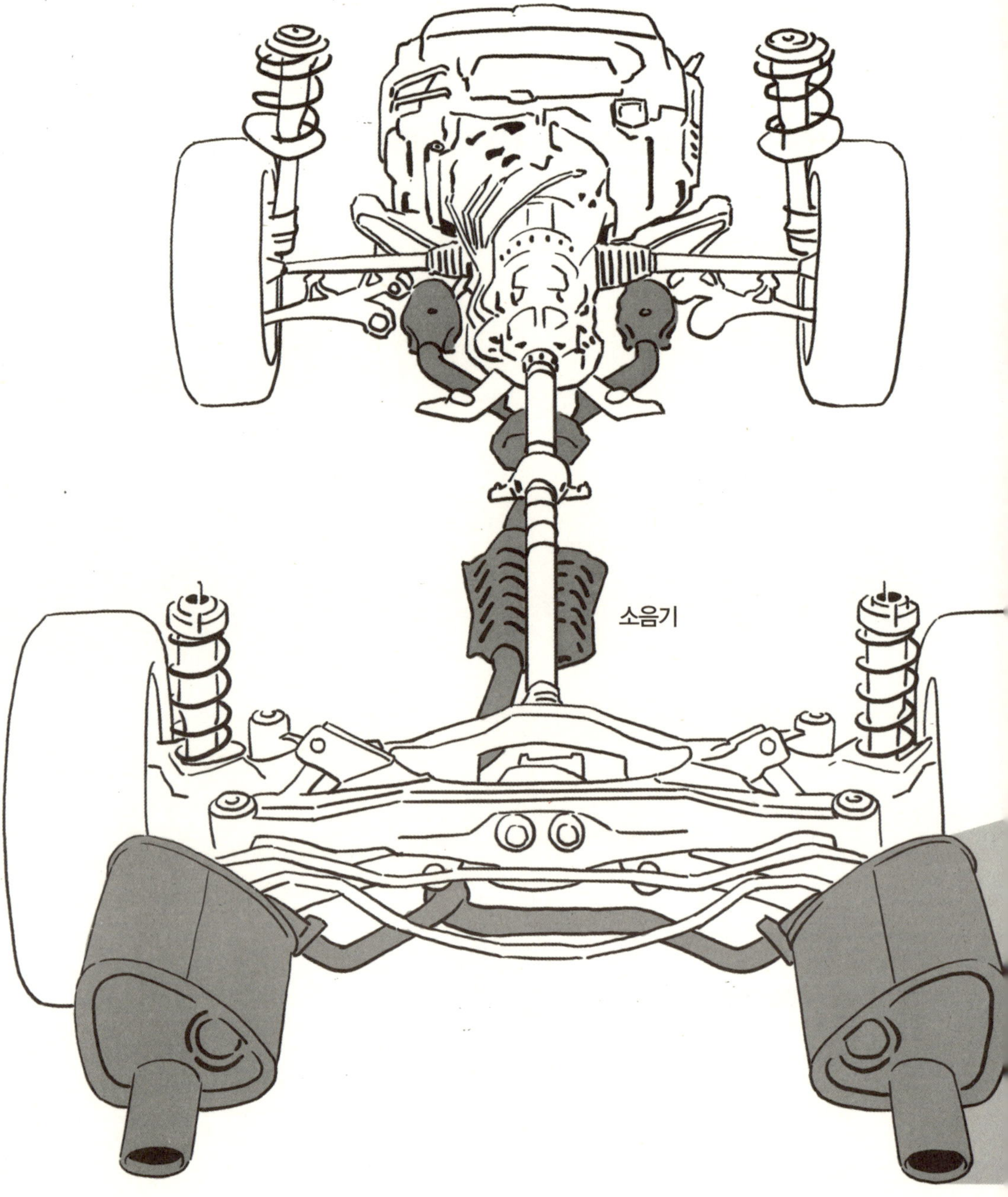
소음기

자동차의 머플러muffler

우리가 흔히 마후라라 부르며, 정식 명칭은 머플러로써 내연기관이나 환기장치로부터 나오는 소음을 줄이기 위한 장치이다.

소음 효과를 높이면 배기의 흐름에 대한 저항이 증가되어, 엔진의 출력을 저하시키므로 양쪽의 균형에 신경을 써야 한다.

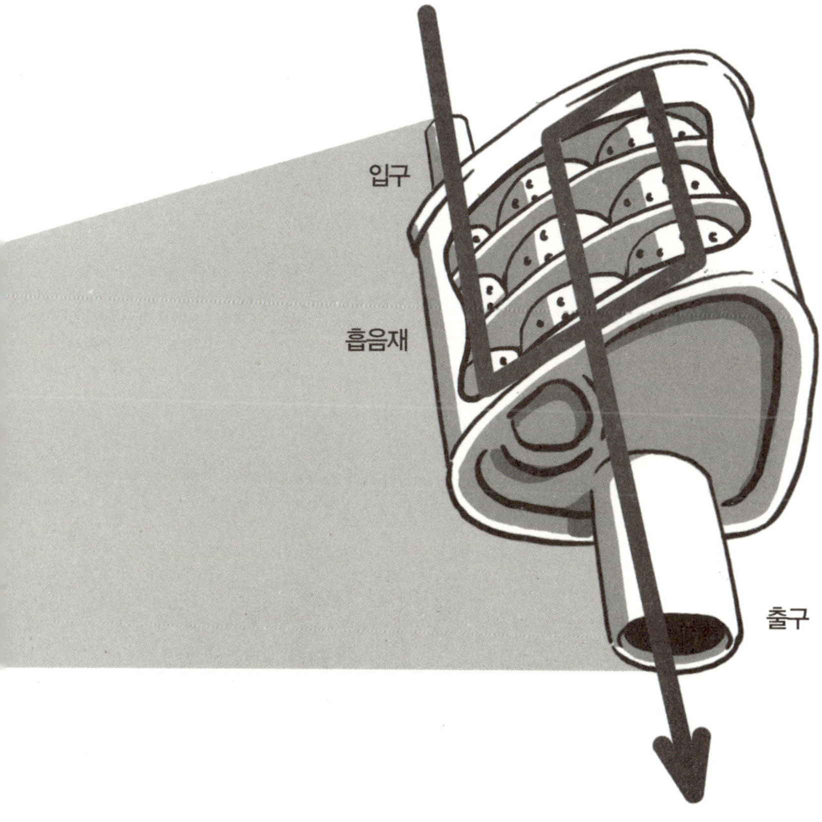

자동차의 배기소음을 줄이는 다양한 방법(해결안)

소음을 줄이는 다양한 방법, 해결안에 대하여 창의적인 다양한 융합기술을 적용하여 살펴보기로 하자.

명확한 문제의 정의와 이 문제를 발생시키는 근본 원인이 되는 자동차 소음기(머플러)의 구조와 기능, 작동원리 등을 파악한 후 배기소음을 줄이는 다양한 창의적인 아이디어를 사진, 스케치, 그림, 도면 등으로 개념화시켜 나타낸 해결방법을 다음과 같이 보여준다.

이것은, 앞에서 언급했던 문제해결을 위한 다양한 해결책들을 찾기 위하여 제품, 논문, 특허기술, 과학기술, 과학지식 등을 활용하고 응용하여서 참신하고 새로운 해결안을 도출한 것이다.

◌ 소음의 방향을 돌리는 방법으로 해결한다면,

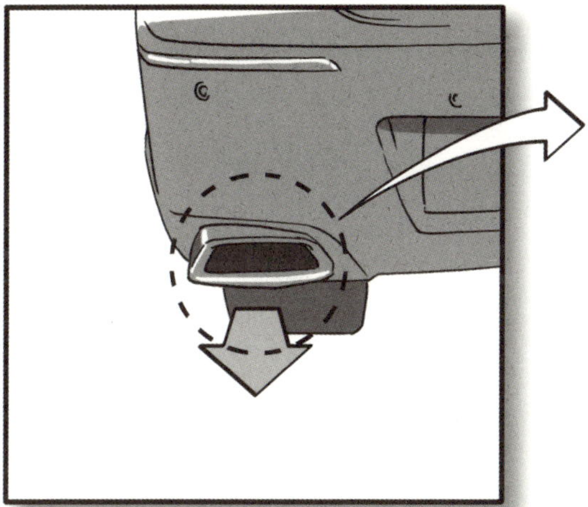

소음을 배출시키는 머플러의 관을 소음 측정용 마이크가 설치되어 있는 인도 방향이 아닌 차도의 차선 방향으로 장착하여 문제해결을 할 수 있다.

여학생들이 간단히 해결한 방법인 머플러의 관 방향을 지면으로 향하게 하는 방법에서 더욱 진화시켜 그 방향을 운전자가 원하는 방향으로 자동으로 조절하게 함으로써 문제를 해결할 수 있다.

회전 타입

운전대에서 조절하면 사이드 미러(side mirror)처럼 머플러가 회전함으로써 소음 배출방향을 바뀌게 한다.

◌ 범퍼bumper를 이용하여 소음의 방향을 돌리는 방법을 생각해보자.

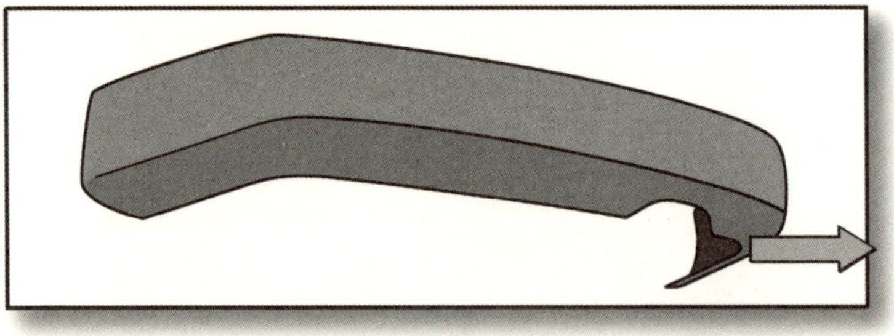

범퍼 구조를 변경하여 머플러를 외부의 충격으로부터 완화시켜 보호해 주는 동시에 소음이 빠져나가는 통로가 되도록 설계하여 소음의 방향을 돌리면 문제를 해결할 수 있다.

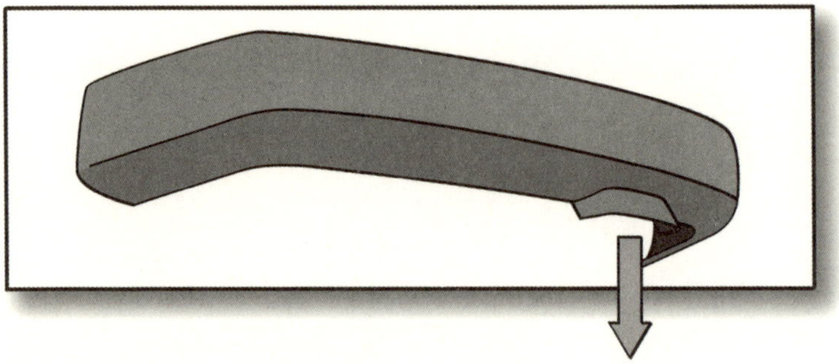

기존의 범퍼(bumper)는 단지 차체와 머플러를 보호하기 위해 머플러를 감싸고 있는 구조일 뿐이다.

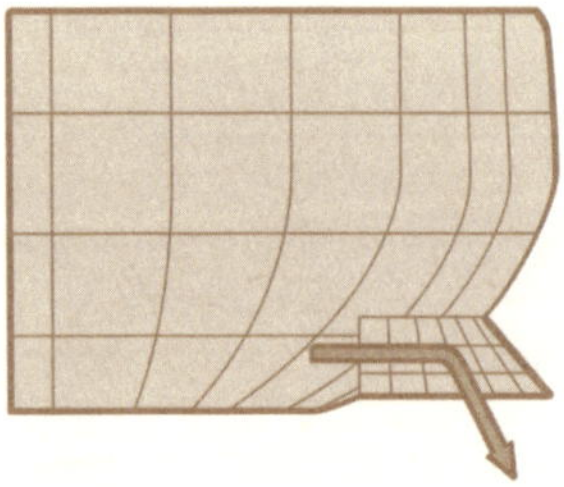

기존의 범퍼에서는 출구쪽 소음이 바로 뒤쪽으로 방출되는 반면, 새로운 해결안은 출구쪽 자리에 위치한 범퍼모양을 수정하여 소음이 벽에 부딪혀 바닥과 양 옆 방향으로 퍼짐으로 소음의 분배가 되게 하는 구조를 형성하여 소음을 감소시키는 방법이다.

타공형 머플러로 여러 방향으로 소음을 분산시켜 문제를 해결해보자.

기존에 사용되고 있는 직선 꼬리관 모양의 머플러 대신에 소음을 줄이기 위한 새로운 머플러의 모양과 구조를 한 번 생각해 보자.

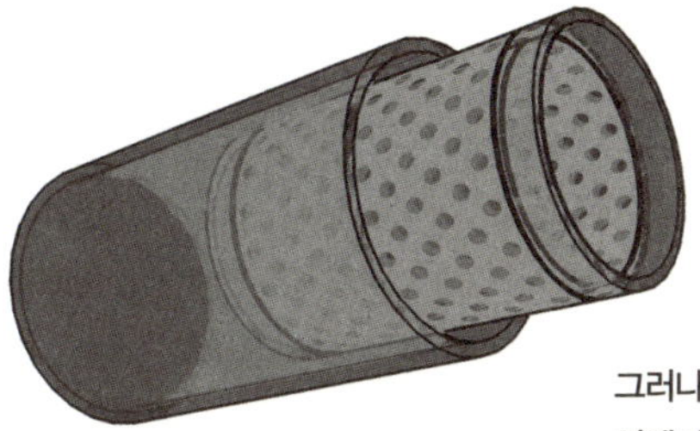

원통형 머플러에 여러 방향으로 수많은 구멍을 내어(프레스 가공으로 전단타발가공이라 일컫는다.) 한 방향으로만 나오던 소음을 분산시킴으로써 소음의 세기를 줄일 수 있다.

그러나 이런 해결책은 기존의 머플러와 비교해 볼 때 기능과 성능 면에서 떨어질 수도 있지만, 우선적으로 소음의 문제를 해결하는 경우에 있어서는 창의적인 개념안으로 제시할 수 있겠다.

소리의 간섭 상쇄를 이용한 음파 발생기에 의한 문제의 해결

소음은 소리의 파동이므로 이를 상쇄시키는 다른 파동을 위상차(각도)를 달리하여 쏘아서 서로 상쇄시키면 소음이 없어지거나 작아진다.

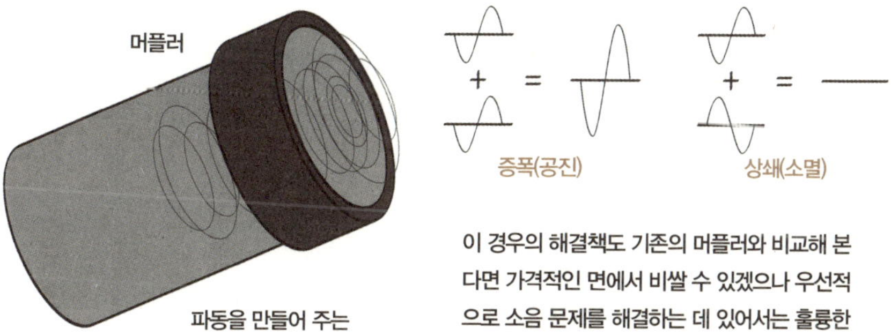

이 경우의 해결책도 기존의 머플러와 비교해 본다면 가격적인 면에서 비쌀 수 있겠으나 우선적으로 소음 문제를 해결하는 데 있어서는 훌륭한 창의적 문제해결책으로 볼 수 있다.

창의적인 해결책은 아이디어적 개념안의 발상—우리는 이를 발상의 전환(paradigm shift)이라고 한다—이므로 문제해결안이 우선이지 비용적인 면은 사업성을 고려한 2차적인 사항일 뿐이다.

◌ 멀티 머플러multi-muffler로 소음을 줄이자.

압력이 높으면 소음이 커지는 원리를 역이용하여 한 곳으로 배출되는 압력을 여러 곳으로 분산시켜 배출시킴으로써 입력을 낮춘다. 그러면 압력이 낮아짐으로 소음도 자연스레 감소하게 된다.

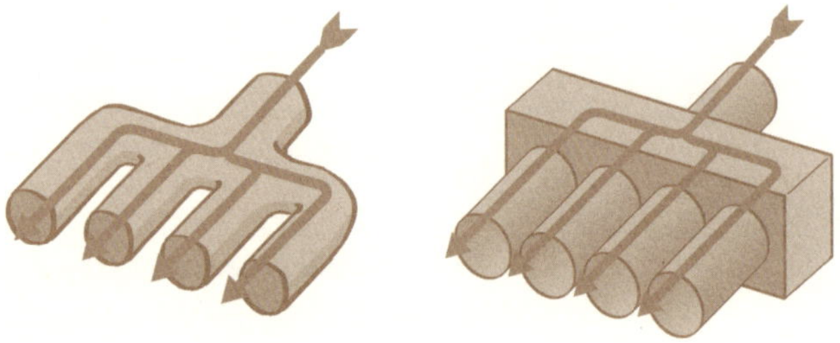

이렇게 여러 개의 머플러(일렬로 배열하거나 띄엄띄엄 배열할 수 있다.)를 사용하게 된다면 기존의 하나 또는 두 개의 머플러보다 비용적인 면에서 비싸지겠지만 소음을 감소시키는 데에 있어서는 상당한 효과를 볼 수 있다. 한편 머플러를 모듈(module, 중간 조립품을 일컫는다.)화하여 제작한다면 생산성도 향상될 수 있다.

◌ 머플러 내부에 소음벽과 소음방을 설치하여 소음을 줄인다.

머플러 내 여러 개의 소음방을 만들어 소음의 파장이 여러 소음방으로 분산되어짐으로써 최종적으로 배출되는 가스 및 소음을 현저히 줄인다.

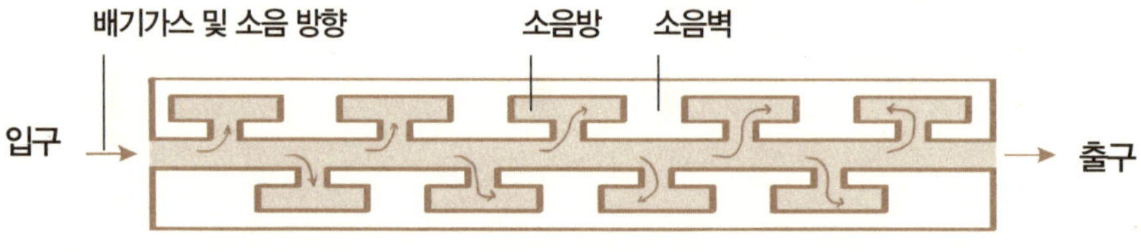

또한 이중구조로 되어있는 소음벽을 유리섬유가 채워진 구조로 구성하면 소음의 고유 진동수를 변화시켜서 소음을 줄이는 효과를 더욱 증대시킬 수 있겠다.

냉각에 의한 소음 줄임

배기 가스의 온도가 높으면 밀도도 높아져 소음이 커진다. 따라서 머플러 주변에 냉매 등을 활용한 냉각 장치cooling system를 설치하여 뜨거운 배기 가스의 열을 빼앗아 밀도를 적게하면 배기 가스로 인한 소음noise도 당연히 감소된다.

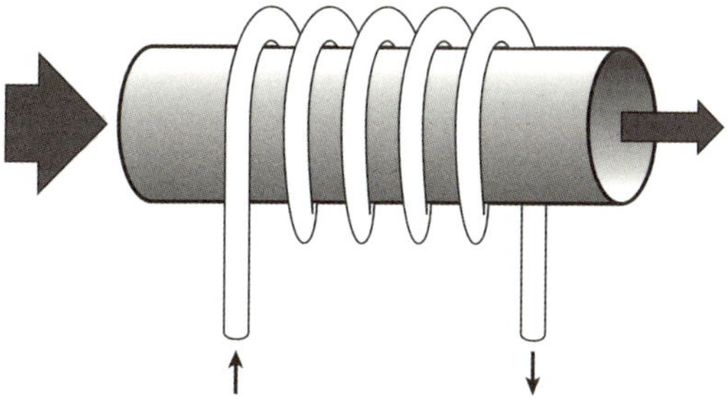

이 경우에도 문제해결을 위한 창의적인 핵결책이 최우선이기에 이에 수반되는 경제성(가격상승 요인)문제도 기술사업화 시에 성능대비 가격이라는 경제성 입장에서 고려하면 될 것이다.

말뚝Pile 박기
(트리즈를 활용한 문제해결)

건물 기초 공사에서 부딪히는 물리적 모순의 해결 사례

러시아의 추운 지방에서는 날씨로 인하여 건물공사를 할 수 있는 기간이 1년 중 얼마되지 않는다. 특히 지반에 말뚝pile을 박는 기초공사는 기온이 높은 계절에 하게 된다. 땅이 얼어 있으면 말뚝을 땅속에 설치하기가 어렵기 때문이다. 시베리아의 어느 건설 회사는 말뚝을 제때 공급받지 못하여 가을이 되어서야 기초공사를 시작할 수가 있었다. 이미 땅이 얼기 시작하여 건설회사는 공사를 하는 데 난관에 부딪히게 되었다.

얼어있는 땅 속에 말뚝을 강한 힘으로 박아서 강제로 밀어 넣게 되면 말뚝이 파열되어 버리고, 반면에 적당한 힘을 가하면 말뚝이 땅 속으로 들어가기가 쉽지 않다. 말뚝을 강한 힘으로 내려치게 되면 조금씩 땅 속으로 들어가긴 하는데, 곧 말뚝이 파열되어 버린다. 말뚝을 적당한 힘으로 내려치게 되면 말뚝이 파열되지는 않지만, 얼어있는 땅 속에 아예 박히지가 않는다. 말뚝을 박으려면 강하게 내려쳐야 하고, 말뚝이 깨지지 않게 하기 위해서는 약하게 내려쳐야 한다는 물리적 모순이 발생한다.

그래서 건설 회사는 말뚝의 끝을 뾰족하게 만들어서, 말뚝을 강하게 내려쳐야 하기도 하고 약하게 내려쳐야 하기도 하는 물리적 모순을 해결한 것이다. 말뚝은 적당한 힘으로 내려쳐도 땅 속으로 들어갈 수 있었다. 그러나 들어가 박힌 말뚝이 지면과 수직을 이루어야만(즉 직각도를 유지해야만) 건물의 하중을 잘 견뎌낼 수가 있는데, 끝이 뾰족한 말뚝은 말뚝의 기능을 제대로 수행할 수 없었다. 끝이 뾰족하여 말뚝이 지면과 수직을 유지하기가 어려워서 들어간 말뚝이 조금씩 흔들리는 경우가 있었던 것이다. 공사를 원활히 하기 위해서는 말뚝의 끝이 뾰족해야 하지만, 공사후에 말뚝의 기능을 유지하기 위해서는 뾰족하면 안되는 불가항력의 난관에 부딪히게 되었다.

왜냐하면 말뚝 선단부(앞부분)의 접촉하는 표면적이 클수록 수직으로 똑바른 위치를 유지하고자 하는 무게중심의 안정성이 있어 원형단면을 가진 파일의 직각을 잘 유지해줄 수가 있고, 또한 위에서 누르고 있는 건물의 하중에도 전후좌우로 잘 흔들리지 않기 때문이다.

따라서 들어갈 때는 드릴의 선단부(역 원뿔 모양이다)와 같이 끝이 뾰족해야 잘 박히고, 정해진 위치에 박힌 후에는 안정성을 가지고 수직을 잘 유지하면서, 외부의 하중에도 흔들리지 않도록 파일의 앞부분(아래부분)의 표면적이 넓어야만 된다는 것이다. 파일의 선단부가 지면에 박힐 때는 뾰족하고 박힌 후에는 파일의 지름보다도 더 펑퍼짐해야 한다는 물리적 모순을 만나게 되는 것이다.

트리즈를 적용한다는 것은 다음과 같다.

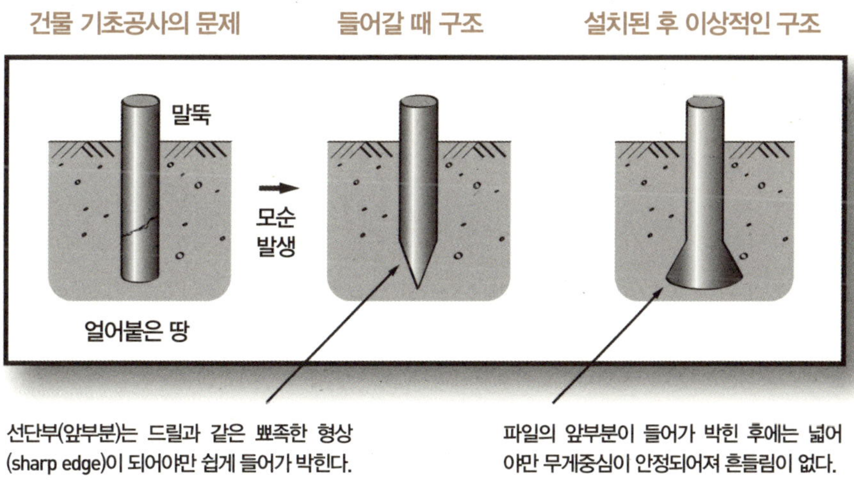

우선 문제의 상황에서 불가능하다고 여겨지는 점을 분석하여 모순을 찾아낸다. 이 문제에서는 끝이 뾰족해야 하고, 뾰족하지 말아야 하는 것이다. 트리즈에서는 이러한 물리적 모순이 발생하는 경우 분리의 원리로 문제를 해결하도록 한다. 그래서 시간에 의한 분리, 공간에 의한 분리, 전체와 부분에 의한 분리를 적용한다. 그 중에서 시간에 의한 분리를 적용하여, '말뚝이 들어갈 때는 뾰족하고, 들어가고 나서는 뾰족하지 않아야 된다'라는 개념을 생각한다. 그래서 뾰족한 말뚝의 끝에 작은 폭약을 설치하고, 말뚝을 박은 후에는 그 폭약을 폭파시켜 말뚝 끝부분의 표면적을 넓게하여 건물의 하중을 지반으로 잘 전달할 수 있는 구조로 만든 것으로 시간에 의한 분리 원리를 적용해 물리적 모순을 해결한 것이다. 이렇게 설치한 말뚝은 겨울에도 건물의 기초공사를 가능하게 할 뿐 아니라, 건물의 하중을 지반으로 골고루 잘 전달하는 데 탁월한 구조를 가져서 기존에는 20개의 말뚝을 설치해야 하는 것을 10개 이하로 설치해도 그 기능이 유지되는 혁신적인 결과를 가져왔다.

물리적 모순Physical contradiction (이율 배반)

물리적 모순physical contradiction이란 하나의 기술적인 변수가 서로 다른 값(A,B)을 동시에 가진다는 것을 의미한다. 즉, 기술시스템의 한 속성 A의 값이 높아야 하지만 동시에 낮기도 해야 하는 상태를 의미한다. 하나의 기술시스템 내에서의 어떤 상황에서는 시스템을 구성하는 특성이 향상되어야 하고, 다른 상황에서는 그 특성이 악화되는 것을 의미한다. 따라서 그 특성들을 동시에 충족시키려면 모순이 발생하는 것이다. 이러한 모순을 물리적 모순이라고 한다.

물리적 모순을 타협하지 않고 해결하기 위한 원리로서 다음과 같이 4가지 분리 원리를 적용한다.

1. **시간에 의한 분리(separation in time):** 개선하려는 특성이 시간에 따라서 다른 시간에 일어나도록 분리한다.
2. **공간에 의한 분리(separation in space):** 개선하려는 특성이 서로 다른 공간에서 일어나도록 분리한다.
3. **전체와 부분에 의한 분리(separation in scale):** 시스템의 크기에 따라 특성을 분리한다.
4. **조건에 의한 분리(separation in condition):** 시스템이나 특성의 조건에 따라 분리한다.

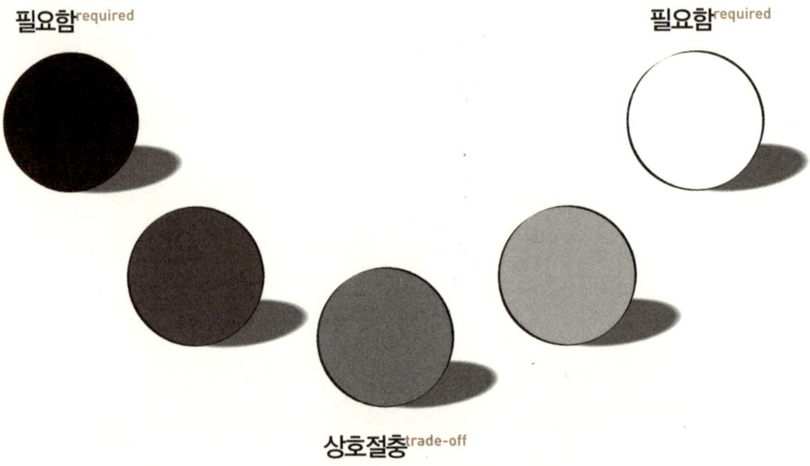

그림 타협에 의한 전통적인 문제해결 방법

우리의 주변 환경에서 발생하는 (기술, 비기술) 대부분의 모순이 물리적 모순이다.

이런 물리적 모순을 해결하고자 하는 전통적인 접근conventional approach으로 타협compromise과 상호절충trade-off을 통하여 문제를 해결하려고 하나 이는 임시적인 미봉책에 불과하지 문제의 근본적인 해결책은 아니다.

트리즈를 활용한 문제해결의 절차

다음 그림은 물리적 모순(이율배반의 현상)을 찾아내고, 시간에 의한 분리를 적용하여 근본적으로 문제를 해결한 사례이다.

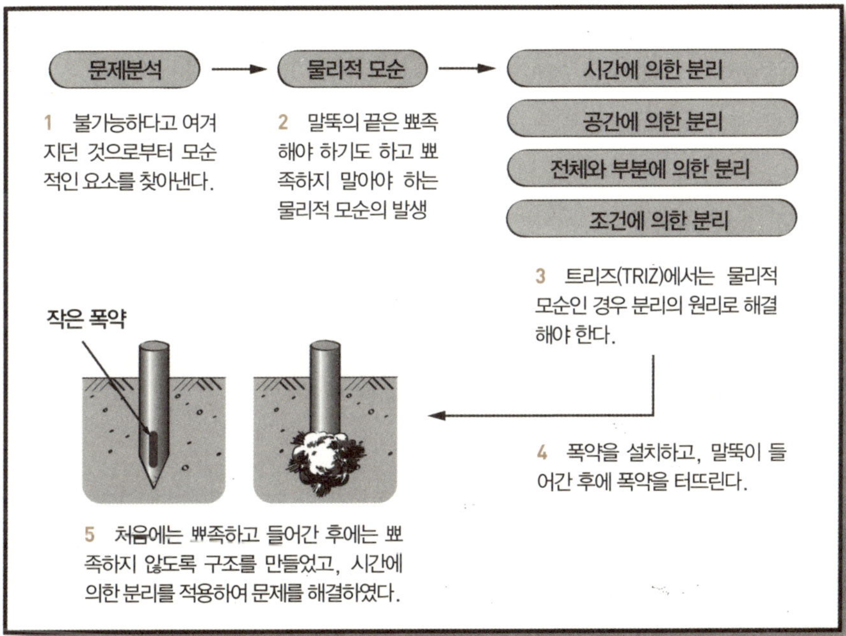

그림 트리즈를 활용한 문제해결의 절차

문제의 정리 및 해결

기초를 지탱해주는 파일foundation supporting pile

말뚝을 땅에 박을 때 잘 박히게 하기 위해서는 A처럼 끝이 날카로워야 하고, 박힌 후 잘 서있고 건물의 하중을 잘 견디도록 하기 위해서는 B처럼 끝이 넓어야 한다. 창의적으로 좋은 해결책을 제시해 보시오.

파일의 아이디어 설계시 고려사항

1. **파일의 재질:** 금속
2. **아이디어 제시를 하시오:** CAD, 스케치 등으로 그림을 그려서 해결책을 제시
3. **들어가는 비용, 공정 등은 생각 말고 오로지 A와 같이 박은 후 B와 같은 구조가 되도록 해야만 파일의 목적(기능)을 이루는 개발이 된다. 이에 대한 창의적인 아이디어와 개념설계안으로 해결책을 제시하시오.**

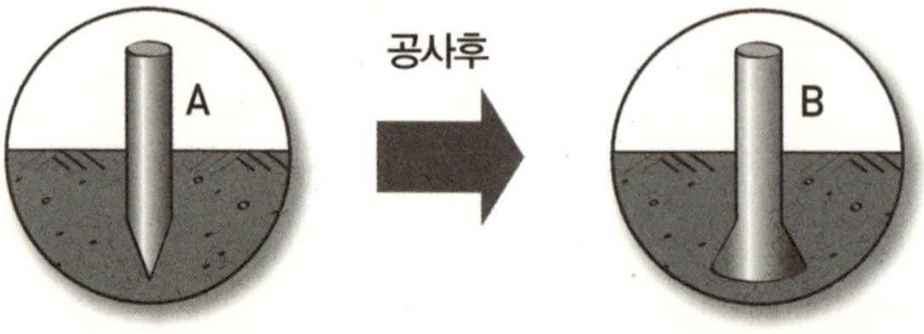

끝이 뾰족한 파일(sharp pile)로 땅에 박기 쉽다.

끝이 사다리꼴과 같은 아주 뭉툭한 파일(blunt pile)이라면 땅에 박힌 후 기초를 지탱하기에 좋다. 이것이 이상적이며 근본적인 문제의 해결 방안이 되는 것이다.

◌ 타협에 의한 전통적인 접근법

다음과 같이 전통적이고 타성적이며 관념적인 문제의 해결책으로 타협의 방법을 사용하여 왔으나 이는 문제의 근본적인 해결책이 되지 못한다.

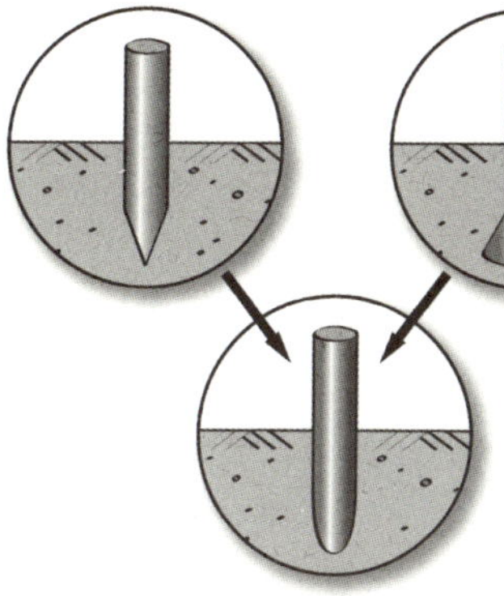

타협compromise의 방법을 사용하여 파일의 앞부분이 들어가기도 쉽고 문제가 되는 뾰족한 역삼각형 모양보다는 약간 뭉툭한 둥근 라운드round모양으로 약간 변형하여 문제를 해결한 것이다.

◌ 분리의 원리를 적용한 접근법

타협하지 않고 분리의 원리를 적용하여 해결하기 위한 방법을 살펴보자.

시간에 의한 분리

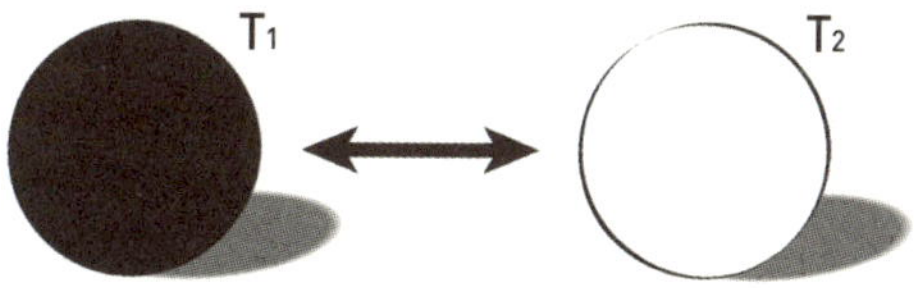

속성(property)이 시간에 따라 그때그때 달라진다.

공간에 의한 분리

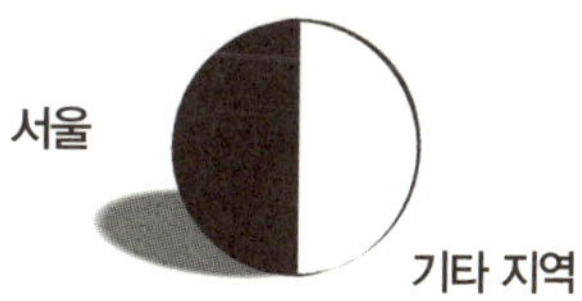

속성이 공간에 따라 서로 달라진다.

전체와 부분에 의한 분리

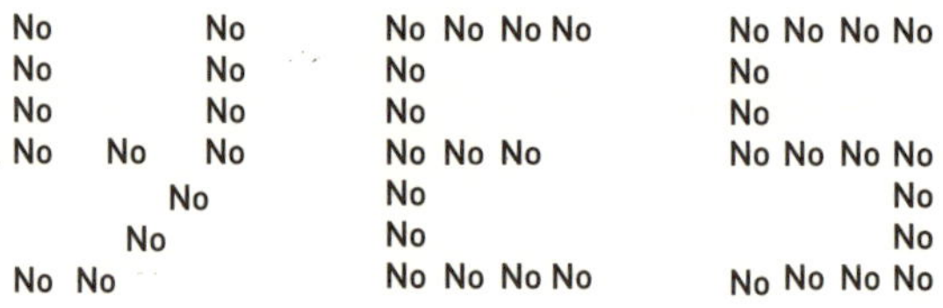

속성 P가 크기에 따라 달라진다. 예를 들면 물체는 P의 속성을 갖지만 물체의 부품(또는 성분)은 −P의 속성을 갖는다.

이러한 물리적 모순을 시간에 의한 분리를 이용하여 문제를 해결하면 다음 그림과 같다. 말뚝을 박을 때에는 들어가기 쉽게 말뚝의 끝을 뾰족하게 하여 땅에 박은 후 속이 비어있는 말뚝(파이프 모양의 말뚝) 구멍을 통해 폭약을 설치한 후 터트려 말뚝의 앞부분을 뭉툭하게 만들면 되는 것이다.

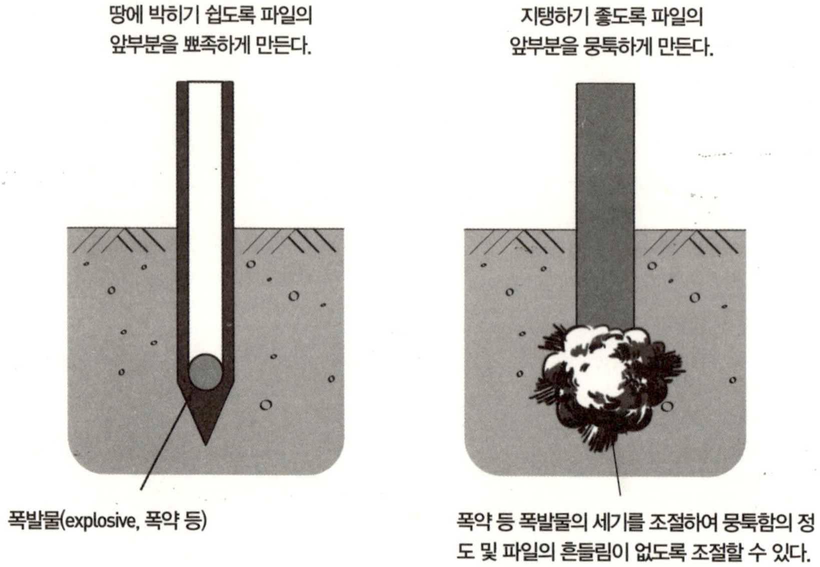

그림 TRIZ 솔루션: 비타협적 방법

도출된 필수 기능과 수단을 기능분석도로 표현하여 구체화시켜보면 다음 그림과 같다.

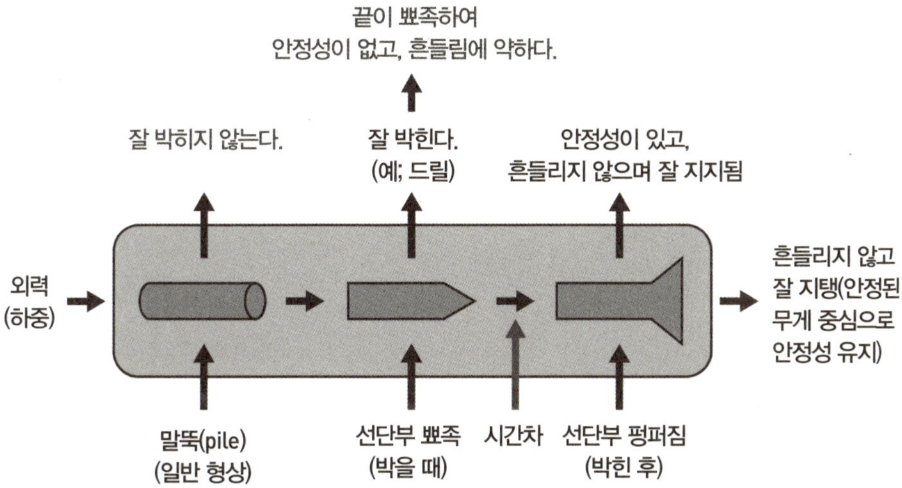

그림 말뚝(pile)의 기능분석도

여기서 말뚝을 박을 때 말뚝의 선단부(앞부분)의 기능을 살펴보면 말뚝이 잘 들어가거나 박히도록 하는 주된 기능을 가지고 있다.

기계가공에 널리 사용되는 드릴drill 공구는 선단부가 118°로 뾰족하게 되어 있어 구멍을 잘 뚫을 수가 있다. 마찬가지로 말뚝을 지면에 박을 때는 선단부를 뾰족하게 하고 또한 내마모성이 강한 재질로 만들거나, 표면경화처리 등을 하여 단단하게 제작하면 된다. 이것이 바로 말뚝 선단부의 역할이다.

위의 기능분석도를 살펴보면 해결안은 간단하다. 초기 파일을 지면에 박을 때 땅을 잘 파면서 들어가기 위해서는 날카로우면서도 마찰저항이 적어야 하므로 단단하면서 뾰족해야만 하고, 원하는 지점에 박힌 후에는 선단부가 뭉툭한 모양으로 넓게 퍼져있어야만 건물에서 작용하는 외력(하중)에도 흔들리지 않고, 안정성을 가지고 하중을 잘 지탱해줄 수가 있다는 것이다. 즉 파일 선단부의 표면적이 파일의 지름(즉 단면적)보다 더 커야만 하는 것이다. 펑퍼짐해야만 힘을 골고루 지지해줄 수가 있고, 안정적인 무게중심으로 흔들림 없이 잘 지탱을 해준다. 이러한 선단부의 역할은 박을 때와 박힌 후라는 시간 차이가 발생됨에 따라 그 기능(역할)이 변경되는 것이다.

따라서, 물리적 모순 중에서 시간에 의한 분리를 활용하여 말뚝 선단부의 기능을 바꾸어 주도록 창의적인 아이디어를 발상하여 이해하기 쉽도록 그림, 스케치, 도면 등과 같이 도식화된 개념설계안을 도출하면 되는 것이다.

그 밖의 문제 해결책

아래부분을 폭발시킨 후 시멘트를 부어서 굳힌다.

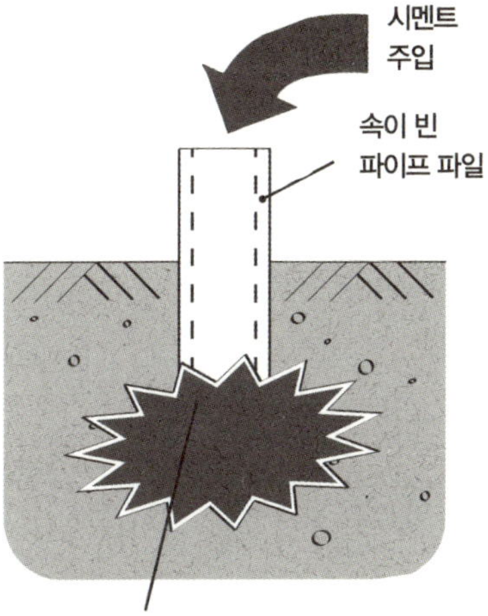

- 폭약을 사용하여 속이 빈 파이프 파일의 아래 부분을 폭발시켜 끝부분을 확장시킨다(끝부분의 크기는 폭발력의 세기를 조절하여 변경시킬 수가 있다).
- 시멘트를 주입시킨다.
- 폭발한 부분이 시멘트에 의해 굳어지면서 기둥을 더욱 단단하게 지지해준다.

화살표 모양으로 된 파일을 박은 후 시멘트(콘크리트)를 부어서 굳힌다.

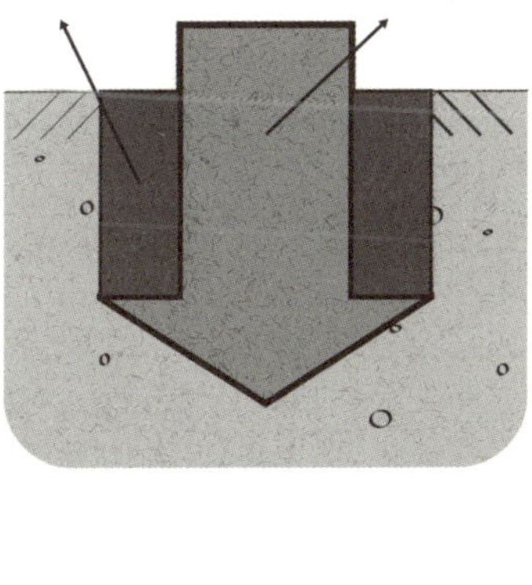

- 파일이 땅에 잘 박혀 들어가도록 파일의 앞부분을 화살표 모양으로 뾰족하게 한 후 파일을 박는다.
- 파일의 표면적만큼 생긴 공간에 시멘트를 부어서 굳힌다.
- 파일이 굳어진 시멘트에 의해서 고정되어 안정적으로 무게 중심을 유지하면서 지탱된다.

○ 수직으로 파일을 박은 후 옆에서 또 다른 파일을 경사로 박아 교차시켜 고정시킨다.

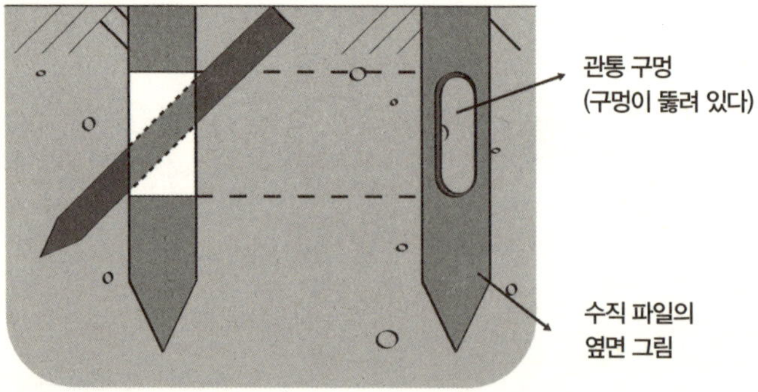

- 1차로 옆면에 관통구멍이 뚫려있는 수직파일을 땅에 박는다.
- 2차로 경사각을 계산한 경사 파일을 옆 방향에서 박아 수직 파일의 구멍을 관통하도록 박는다.
- 이렇게 2개의 파일을 교차시켜 박아주면 수직 파일을 안정적으로 지탱시켜 주는 구조물이 된다.

○ 이중으로 파일을 박아서 안정된 지지구조를 형성시킨다.

- 1차로 속이 비어있는 파이프 형태의 앞부분이 뾰족한 바깥 파일을 땅에 박는다.

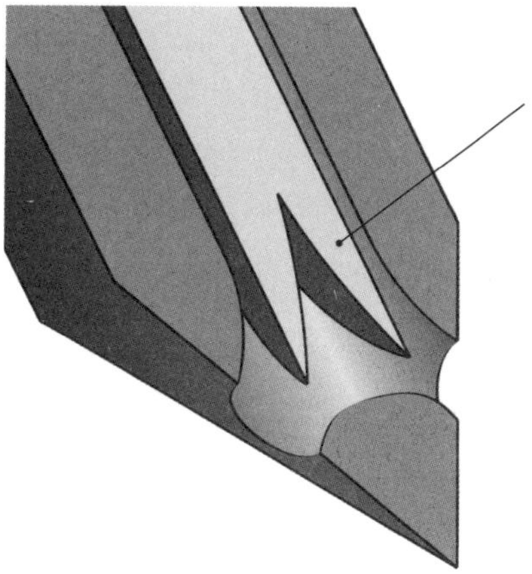

- 2차로 파일의 끝단이 갈라져 있으며 탄성을 갖는 소재의 2차 파일(안쪽 파일)을 이미 박혀있는 1차 파일의 속이 비어있는 구멍으로 박아 넣는다.

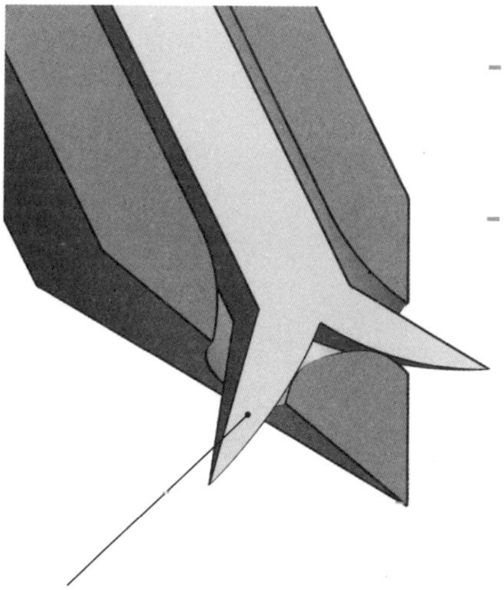

- 2차 파일(안쪽 파일)이 다 박히면 1차 파일(바깥 파일)의 끝부분에 터진 2개의 구멍으로 탄성에 의해 벌어진다.
- 외부로 뻗어나가려고 하는 탄성에 의해 삼각대 모양으로 지지구조를 형성함으로써 근본적인 문제를 해결한다.

계속해서 안쪽 파일에 외부의 힘을 가해주면 바깥 파일의 구멍으로 안쪽 파일의 끝부분의 탄성을 갖는 부위가 벌어져 외부로 뻗어나가 삼각형 모양의 안정된 지지구조를 형성하게 된다.

◌ 삼중 파일 구조를 사용하여 문제해결

1 1차로 중심말뚝을 먼저 땅에 박은 뒤 빙빙 돌려 구멍을 크게 내준다.

2 2차로 먼저 낸 구멍에 가운데 속이 빈 구조의 파이프를 끼운다.

3 파이프 구멍 안으로 3차로 속이 비어있는 막대를 끼운다.

4 조립된 3차 막대에 중심 말뚝을 박으면서 밀어 넣는다.

5 1차의 중심 말뚝을 박으면서 밀어 넣다보면 중심말뚝 끝부분이 3차 막대의 갈라져 있는 끝부위들을 갈고리 모양이 되도록 계속 바깥쪽으로 밀어낸다.

6 1차 중심말뚝의 뾰족부가 3차 막대의 끝단에 형성된 조그마한 구멍을 뚫고 나와 땅에 고정되는 동시에 삼각대 구조의 지지물을 만들어서 문제를 해결할 수 있다.

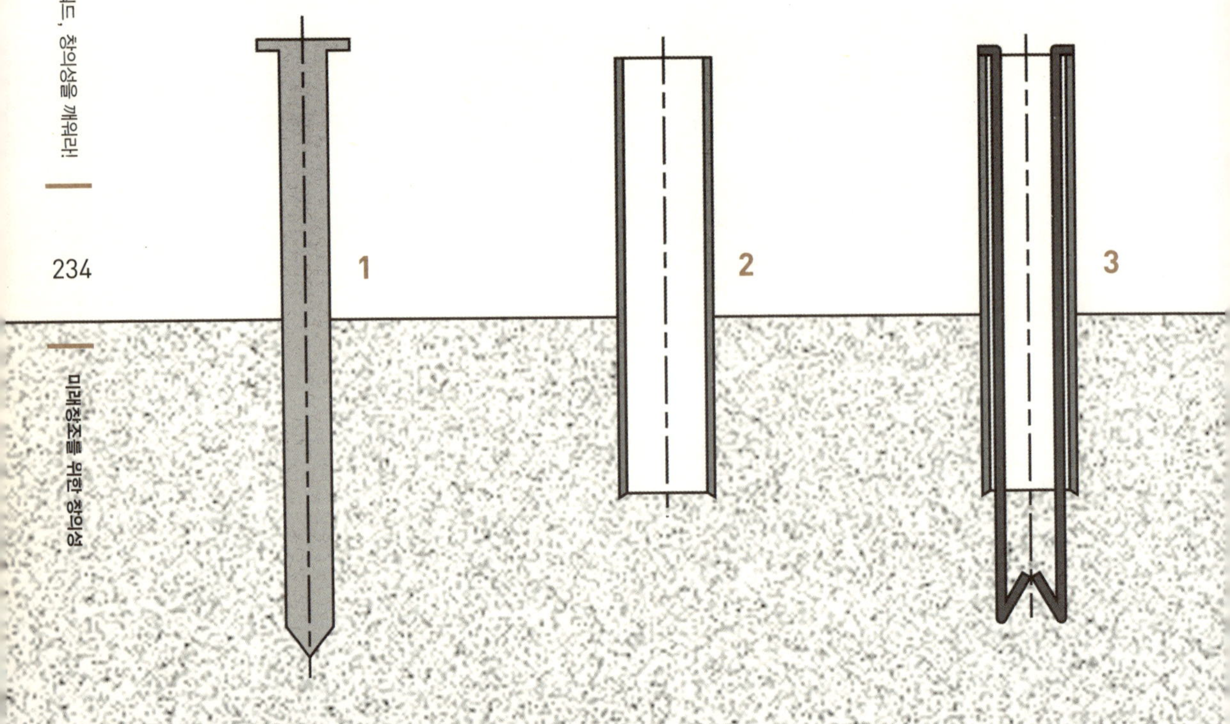

그림 문제해결을 위한 삼중 파일 박기의 순서

이와 같은 경우는 많은 공정이 필요하다.

앞에서 언급한 문제해결을 위해 사용되었던 파일들의 모양을 예를 들어 3차원 입체적으로 표현하면 다음 그림과 같다.

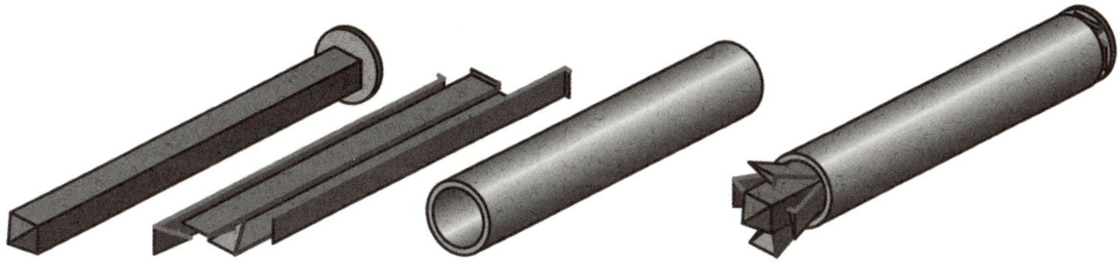

그림 문제해결을 위한 삼중 파일의 입체 모양의 예시

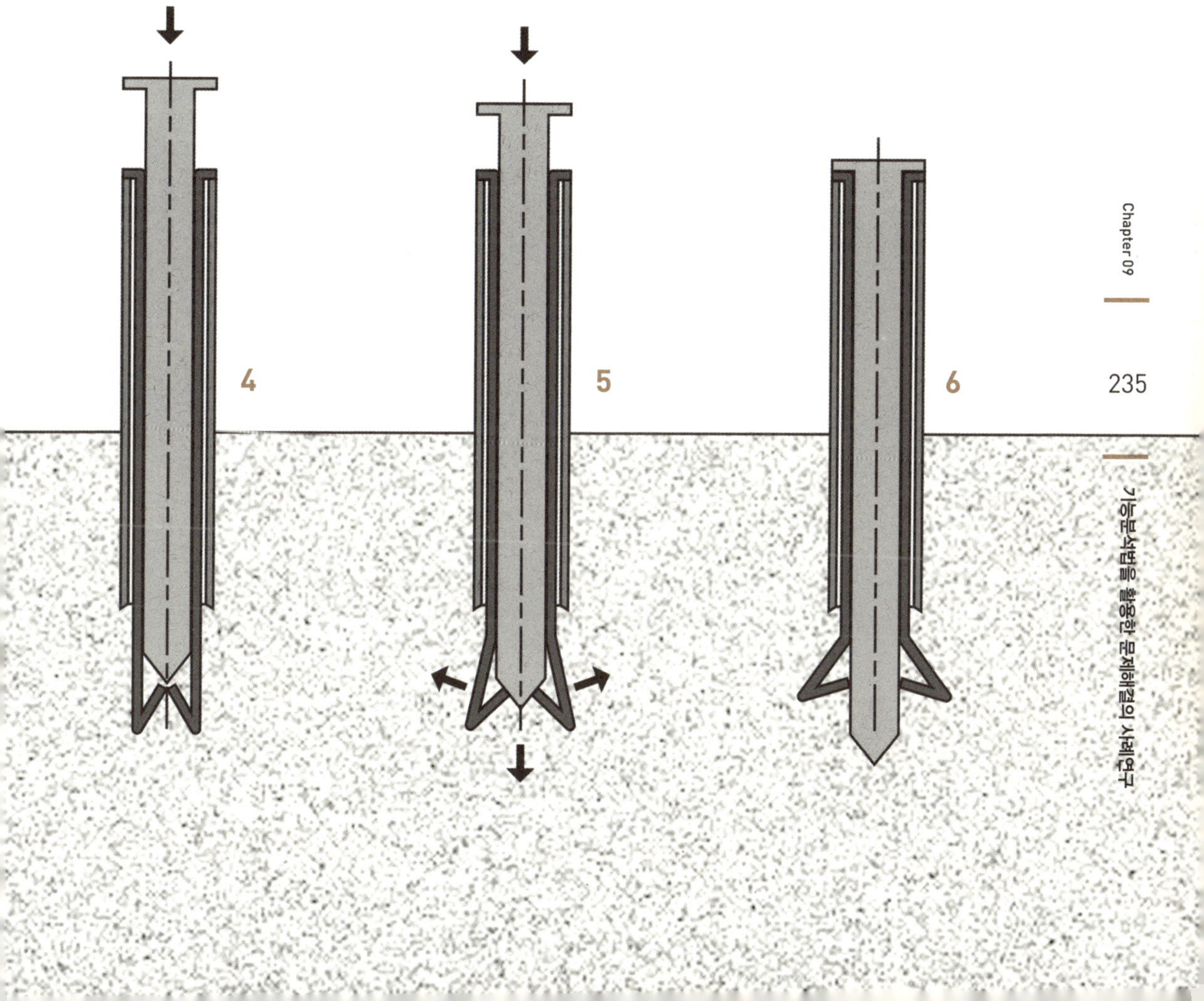

○ 열을 활용한 근본적인 문제해결

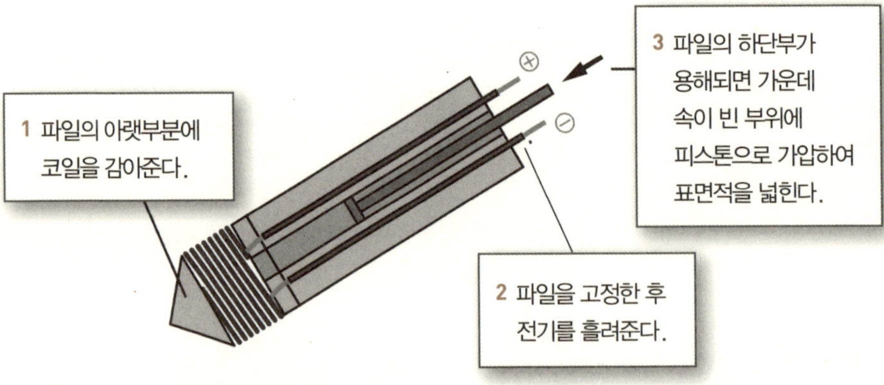

끝이 뾰족하고 속이 비어있는 파일의 끝부분에 전기를 통하면 강한 열이 발생하도록 코일[coil]을 감는다. 이 코일은 그림과 같이 땅에 박힐 때 손상되는 것을 방지하기 위하여 파일의 표면부에 홈[groove]을 판 후 코일을 감도록 한다. 파일의 중간 속이 비어있는 부분을 통하여 전기가 통하는 도선을 지상으로 빼낸 후 강력한 고압전기를 가해주면 코일에 강력한 열이 발생하고, 이 열이 파일의 끝부분의 부피를 국부적으로 팽창시켜 뭉툭한 구조를 만들게 하는 것이다.

이와 유사한 문제해결 방법으로는 다음의 그림에서 보여주는 바와 같이 높은 열을 발생시키는 전극봉을 속이 빈 파일의 끝 부분에 설치하여 지상에서 전기를 가하면 생기는 열이 파일 하단부의 부피를 국부적으로 팽창시켜 문제를 해결한다.

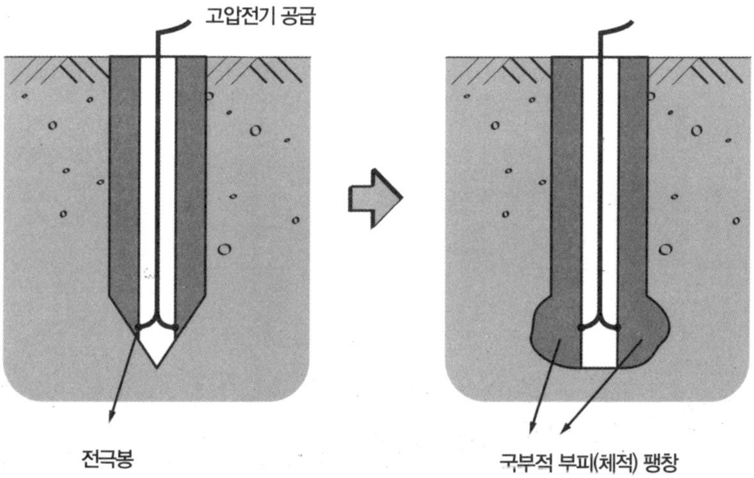

파이프 확관기의 개념적 아이디어 공학 Conceptual Idea Engineering

요구사항인 기능을 만족함과 동시에 작업성을 고려하여 아래와 같이 파이프 확관기의 형상은 단순화하고 보조기구(공구)를 통하여 작업하는 것으로 방향을 잡았다.

작업순서 및 방법

1. 파이프와 가이드 로드guide rod를 결합하여 굴토작업 시행
2. 굴토작업 완료 후 가이드 로드 제거
3. 매설된 파이프에 확관기 삽입
4. 파이프 확관기를 이용하여 확관작업 실행

1 파이프 파일과 가이드 로드가 결합되어 있는 장치를 통하여 땅에 박는다.

2 가이드 로드를 빼낸다.

3 그러면 파이프 파일만이 땅에 박혀있다.

4 매설된 파이프 파일에 확관기를 집어 넣는다.

5 확관기가 파이프 파일의 끝부분까지 들어가면, 확관기가 회전하며 날개가 펴지면서 벌어져 속이 비어 있는 파이프 파일의 끝부분을 사다리꼴 모양과 같이 넓혀주어 뭉툭한 구조로 만들어 문제를 해결한다.

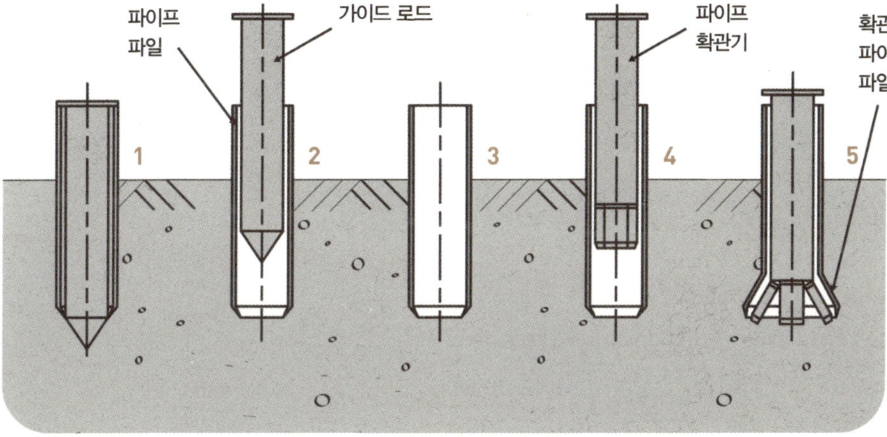

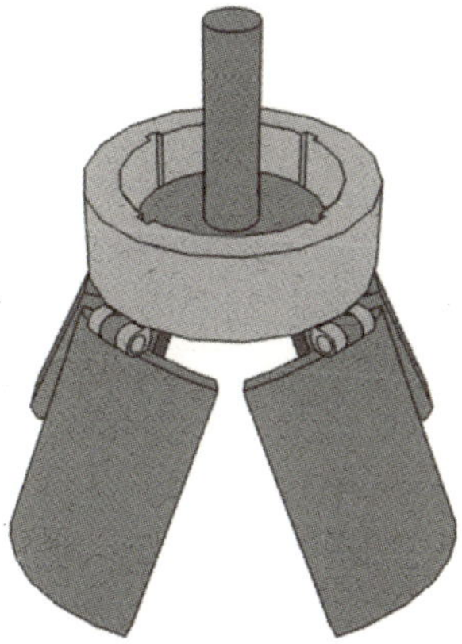

확관기(조립체)의 입체도

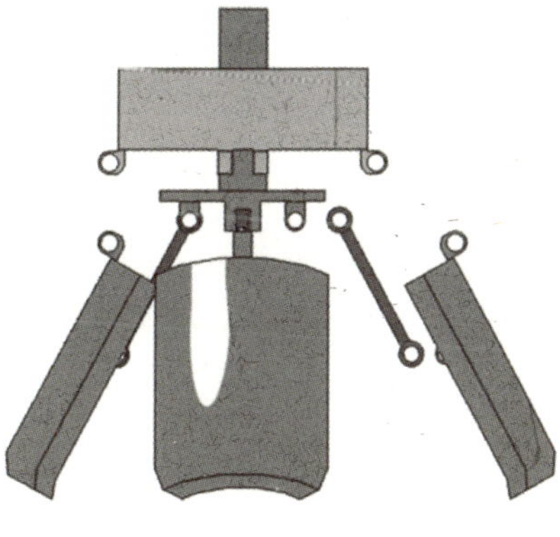

확관기의 분해도

파이프 확관기의 작동원리

중간의 가이드 로드guide rod, 사각나사가 회전을 하면 홀더 플레이트holder plate가 나사의 회전에 따라 박혀있는 파이프 파일 즉, 가이드 파이프guide pipe 내부의 안내홈을 따라 상하로 움직이며 링크link로 연결된 날개vane의 개방각도가 조절되어 확관의 역할을 하게 된다.
이때 확관장치의 조립체assembly 전체가 회전운동을 하며 확관작업에 도움을 주게 된다.

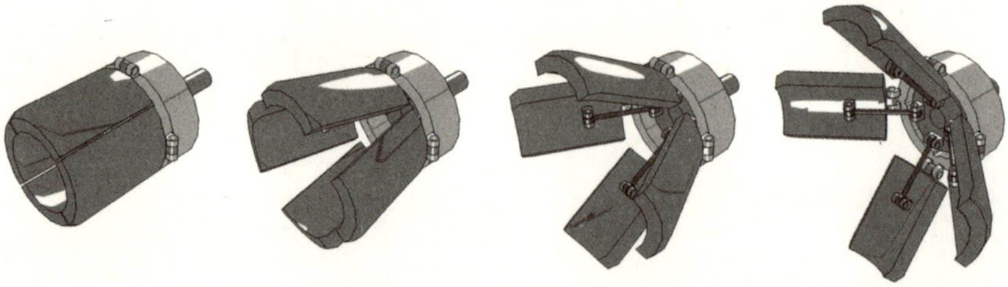

위의 그림은 문제해결에 사용된 파이프 파일 끝부분을 넓혀 지반에 박힌 파일의 안정된 구조를 만들어주는 확관기의 작동을 보여주는 조립체의 작동순서 그림이다.

아이디어를 도면으로 구체화시킨 것으로, 이와 같은 방식으로 조립체를 만들면 기술의 작동을 이해하기가 쉽고, 추후 기술의 구현이 가능하다.

저자는 이를 근본적 문제해결을 위한 아이디어 발상을 통한 **개념적 아이디어 공학**Conceptual Idea Engineering이라고 본 저서에서 정의하고자 한다.

이를 기술적으로 구체화시키면 바로 지식재산권IP, Intellectual Property이 되는 것이기에 그 중요성을 강조하고자 한다.

참고문헌

1. 이창훈, 김기수, "창의공학설계", 한티미디어, 2007.
2. 김태훈 외 공저, "Freshman을 위한 공학설계입문", 한티미디어, 2009.
3. Karl T. Ulrich and Steven D. Eppinger, "Product Design and Development", McGraw Hill, 2008.
4. 이국환 외 공저, "제품개발과 기술사업화 전략", 한티미디어, 2009.
5. Victor Fey and Eugene Rivin, "Innovation on Demand", Cambridge University Press, 2005.
6. 김효준, "창의성의 또 다른 이름 TRIZ", 인피니티북스, 2009.
7. 김명희 외 공저, "다중지능이론과 교육의 실제", 학지사, 2009.
8. Howard Gardner, 김명희 외 옮김, "다중지능의 이론과 실제", 양서원, 1998.
9. 장수용, "성공 비즈니스를 위한 창의적 사고혁신과 문제해결", 전략기업컨설팅, 2011.
10. Donald J Treffinger, "CPS: Creative Problem Solving", 박영사, 2004.
11. H. Scott Fogler et al, 김인원 옮김, "창의적 문제해결 전략", 아진, 2000.
12. 이국환, 창의적 공학설계 강의자료, 2008.
13. 최인수, "창의성의 발견", 쌤앤파커스, 2011.
14. 김영채, "창의적 문제해결: 창의력의 이론개발과 수업", 교육과학사, 1999.
15. 김기영, "창의력 문제해결의 힘", 위즈덤하우스, 2008.
16. 최창일, "창조경영, 최고의 해결사 트리즈 마케팅", 더난출판, 2007.
17. 이국환, "제품설계 · 개발공학(Product Design and Development Engineering)", 기전연구사, 2008.
18. 이국환, 교육 · 강연 · 세미나 자료 등

ㅋ

ㅌ

ㅍ

ㅎ